政策和部门改革的战略环境评价

——概念模型和操作指南

世界银行
哥德堡大学
瑞典农业大学
荷兰环境评估委员会
主编

李天威　等译

中国环境出版社·北京

图书在版编目（CIP）数据

政策和部门改革的战略环境评价：概念模型和操作指南/世界银行等主编；李天威等译. —北京：中国环境出版社，2014.12

ISBN 978-7-5111-2109-7

Ⅰ. ①政… Ⅱ. ①世… ②李… Ⅲ. ①世界银行—战略环境评价 Ⅳ. ①F831.2 ②X820.3

中国版本图书馆 CIP 数据核字（2014）第 245544 号

版权登记号 图字：01-2014-3961

出 版 人 王新程
责任编辑 李兰兰
责任校对 尹 芳
封面设计 宋 瑞

出版发行 中国环境出版社
（100062 北京市东城区广渠门内大街 16 号）
网 址：http://www.cesp.com.cn
电子邮箱：bjgl@cesp.com.cn
联系电话：010-67112765（编辑管理部）
010-67112735（环评与监察图书出版中心）
发行热线：010-67125803，010-67113405（传真）
印 刷 北京市联华印刷厂
经 销 各地新华书店
版 次 2014 年 12 月第 1 版
印 次 2014 年 12 月第 1 次印刷
开 本 787×960 1/16
印 张 13.75
字 数 200 千字
定 价 32.00 元

译者序

20 世纪后期，发达国家在传统环境影响评价（Environmental Impact Assessment，EIA）基础上，将评价范围扩展到计划、规划和政策的层次，即战略环境评价（Strategic Environmental Assessment，SEA）。近年来，战略环境评价在国际上受到广泛重视，发展迅速。2003年9月1日开始实施的《环境影响评价法》，把我国建设项目的环境影响评价扩展到规划环境影响评价，开启了我国战略环境评价制度。

政策和部门改革的战略环境评价作为更高层次的宏观分析方法，是从源头入手，预防和减少某些政策制定对环境造成积累性影响的有效手段。然而，政策决策过程的复杂性和结果的不确定性，导致政策层面的战略环境评价注定是一个艰难而繁复的工作。发达国家的研究实践正处于探索阶段，而我国更缺乏实践经验。

所幸之至，世界银行将政策和部门改革的战略环境评价六个试点项目的先进理论和经验教训编撰成书。本书内容具有以下特点：

（1）内容适应性强。选取的试点项目如西非、马拉维等发展中地区或欠发达地区，很适合我国区域发展不平衡的基本国情。尽管国情、制度和机制体制背景不同，但政策层面的战略环境评价面临着制度性和技术性等共性问题。

（2）涉及领域广泛。试点项目所涉及改革的部门有矿业、林业、规划和交通部门。这不仅为了解各行业政策战略环境评价提供了鲜活的资料，也使我们看到这些领域政策战略环境评价中的竞争和垄断等制度性问题。

（3）建立了以制度为核心的战略环境评价框架。尽管试点项目的背景和目标各不相同，但所有项目都探索了基于制度分析的战略环境评价技术体系。每个试点项目的目标、程序、成果及成果评估都进行了详细阐述，值得我们学习和借鉴。

本书是集体劳动的结晶。参加翻译的有：李天威、王占朝、徐文新、陈凤先、李南锟和马牧野。全书由李天威统稿。

感谢世界银行对我国环境影响评价事业的大力支持！为使本书早日与广大读者见面，世界银行积极回应此次翻译工作，并免去本书版权费。另外，世界银行Ferrnando Loayza先生以及中国环境出版社编辑李兰兰为译著的出版做了大量工作。

由于水平有限，译文偏颇之处恳请读者指正。

目 录

概　述

在世界各地，人们越来越认识到，要实现可持续发展目标，仅仅做到符合标准、减轻负面影响是不够的，需要把环境的可持续性作为发展过程中的目标。这就要求把环境、可持续发展和气候变化等因素整合到政策及部门改革之中。

部门改革会带来重大的政策变化，涉及法律、政策、法规和制度等方面的调整，因此，也是一个敏感的政治过程，并往往由强大的经济利益驱动。政策制定者容易受到来自既定利益者的诸多政治压力，弱势的部门实施的改革和制度调整容易失去作用。如果评价者不能获得足够的政治权力支持，他们的呼吁就不能得到政策制定者的响应，经过环境评价后推荐的方案往往会被忽视。强大的支持群体在部门改革设计中的重要性不言而喻，在改革实施过程中的作用也更为巨大。因此，有效的政策和部门改革环境评价需要强大的群体支持，需要一个让政策制定者承担责任的体系，需要一个能够平衡竞争性有时甚至是对抗性利益冲突的制度体系。

考虑到部门改革的内在政治属性，以及加强部门改革战略环境评价的响应，世界银行在2005年前后开始把战略环境评价运用于政策层面的试点计划。世界银行基于在中等收入国家部门改革中积累的经验，把环境因素考虑纳入政策制定过程，提出了以制度为核心的战略环境评价方法。这一方法与经济合作与发展组织（OECD）发展援助委员会战略环境评价工作组的《应用战略环境评价：发展合作的良好实践指导》（OECD，2006）相一致，把战略环境评价描述为使用多种工具的一系列方法，而不是固定的、单一的、预设的方法。政策层面战略环境评价，需要特别关注决策过程所处的政治、制度和管理背景。

第一节 世界银行战略环境评价试点计划

2005 年，世界银行实施了一个试点计划，把以制度为中心的战略环境评价运用于政策和部门改革中，来检验和推广战略环境评价。该项目的主要目标：a. 对政策战略环境评价在不同国家、区域和部门中的表现进行检验和验证；b. 总结有效实施政策和部门改革战略环境评价的经验教训；c. 获得适用于政策制定和部门改革的战略环境评价工具和操作指南。

该试点计划由两部分组成。第一部分提供贷款或专门援助，支持 8 个与世界银行活动相关的战略环境评价试点。其中，6 个试点已经完成，并开展了后期评估。它们分别是：

- 肯尼亚森林法案（2005 年）战略环境评价
- 塞拉利昂矿业部门改革战略环境和社会评价（SESA）
- 达卡都市发展规划战略环境评价
- 湖北路网规划（2002—2020 年）战略环境评价
- 西非矿业部门战略评价
- 马拉维矿业改革快速集成战略环境和社会评价（SESA）

第二部分是战略环境评价试点项目评估，由哥德堡大学环境经济学部、瑞典农业大学环境影响评价中心和荷兰环境评估委员会合作进行。本书总结了该项评估的主要成果。

第二节 主要发现

试点经验表明：理想状态下战略环境评价有助于部门改革的构建和实施，这很大程度上归因于试点工作推动利益相关方优先考虑环境和社会影响。以前一直被忽视也没有很好组织的利益相关方也充分地参与到试点工作中，后期评价也充分肯定了支持群体参与评价工作的重要性。例如，西非矿业部门战略评价作为最具前景的战略环境评价试点之一，专注于马诺河联盟国（WAMSSA）的矿业改革。利益相关方缺乏透明度和矿产资源开发的社会责任意识薄弱是影响矿业部门可持续发展的两个关键问题。西非矿业部门战略评价的政策对话涉及三国 10

个采矿社团、民间社会组织（CSOs）、非政府组织（NGOs）、私营矿业公司和政府矿业部门。这一对话机制有望通过一个多方体系在采矿业改革过程中继续发挥作用。该体系由利益相关方自行提出，并被各国采纳，服务于世界银行重点项目的社会责任机制，支持马诺河联盟各国的采矿业改革。

同时，所有权、能力和信任是确保政策层面环境主流化的必要条件。特别是，只有那些促进和确保了政府、民间社会组织和当地社区权益的政策战略环境评价才能取得积极成果。评估也确认了国家所有权涉及的若干要素。政府所有权包括掌控改革和承担后果的责任，因此，国家机构在制定政策时能提出比世界银行或其他机构更为有力的措施。需要指出的是，一方面，当弱势部门主导了战略环境评价时，就存在规制俘虏和寻租的风险。西非矿业部门战略评价试点表明多方利益体系可以防止这种不测。另一方面，所有权与公民社会及可能受影响的利益相关方有关。在精心设计的制度支持和政策制定及决策形成的多方利益框架下，战略环境评价通过加强透明度和社会责任能帮助协调不同利益和避免规制俘虏。

另一个重要发现：对群体建设需要进行长期的支持。对于政策制定的连续性来说，战略环境评价只是一种小而有限的干预，所取得的成果可能是短暂的。为了保持成果的长效性，有必要建立能够长期跟踪政策影响和体制变化的支持群体，这需要长期的努力。能够对环境和社会责任优先事项提出质询的支持群体需要加强，实现这一目标需要建立信任和共识。在合适的条件下，当利益相关方处理复杂问题、回应可持续发展、分担政策困境和作出权衡时，共识和信任就会逐渐形成。评估结果也表明，试点中的支持群体建设较弱时，战略环境评价的建议接受率就会受到限制。

最后一个发现：背景因素在政策战略环境评价能否取得主要成果方面至关重要。在一些案例中，背景因素可能导致政策战略环境评价失去意义。如在塞拉利昂的试点中，就出现了这样的情况，新政府决定暂缓前管理层发起的改革进程。因此，要根据这些背景因素，使准备和计划工作适应战略环境评价进程。此外，错失的机会可能会随时间的发展而复得。例如，塞拉利昂重启了采矿业改革，只要支持群体重拾三年前的建议，战略环境评价就有机会继续影响部门改革。

一个与所有权和支持群体建设有关的教训是，政策战略环境评价的潜在好处必须被明确清晰地阐述。战略环境评价的主导者必须认识到，战略环境评价的活动参与者都有其特定的利益。只有在他们认为所得利益大于可能承担的风险或损失时，才会参与其中。政策战略环境评价必须首先被理解为是一种战略决策支持过程，能提高政府决策水平，而不仅仅用来保护环境。基于政策的战略环境评价对国家发展的优先事项直接进行讨论，它不仅提高制定政策过程中环境主流化的能力，而且从全局发展的高度致力于提高规划和决策水平。就像部门审查可以分析部门改革对经济和增长的潜在影响一样，战略环境评价提供了一种补充性的分析方法，来探讨环境保护和社会优先发展领域对经济和增长的关系。通过这个角度来理解战略环境评价，有利于构建国家所有权。

第三节　面向部门改革的战略环境评价导则

试点项目和后期评估的主要目的是建立决策者、民间社会组织、非政府组织和战略环境评价从业人员政策和部门改革战略环境评价的导则。尽管部门改革是复杂的、非线性的，战略环境评价过程又有时间限制，但评估表明，有效的政策层面的战略环境评价包括以下三个阶段：

1. 政策战略环境评价的准备

在政策战略环境评价开始之前，有必要掌握项目开展的背景。提出各种问题以保证特定战略环境评价过程的目标和意图能为主要的利益相关方理解；包括与议题、方案有关的最重要的问题或待解决的问题、推广以及进行评估的窗口期。达卡战略环境评价的试点明确表明，在牵头机构缺乏积极性的情况下，可能耽误战略环境评价的整体进程，所以一般由部门机构领导政策战略环境评价。

2. 政策战略环境评价的实施

这个阶段包括以下步骤：

（1）现状分析和优先事项确定

政策层面战略环境评价的第一步是现状分析，来说明一个区域内或与某个部门有关的主要环境社会问题。目的是知会利益相关方对优先事项进行思考；利益相关方受邀对情景分析作出回应；提出对具体相关的环境和社会问题的重大关切；选择战略环境评价的优先事项。利益相关方对战略环境评价优先领域的选取是至关重要的，因为这能使政策过程在他们的影响下进行。一方面，利益相关方对支持群体的建设或加强起着重大的刺激作用，战略环境评价优先领域反映着他们的关注点和倾向性；另一方面，战略环境评价优先事项是利益相关方对政策制定者的要求，要求改革的方向考虑到环境和社会，这也为培养社会责任打下了基础。也必须确保在优先事项设定中，有效听取弱势群体的心声。

（2）制度、能力和政治经济评估

战略环境评价应用于政策和部门改革的下一阶段是评估现行的系统在何种程度上能够管理选定的优先领域。首先，往往是对政策、制度、法律、管理框架体系，以及现行的与环境、社会优先领域管理能力的全面回顾。其次，评估这些框架体系的有效性及解决环境优先事项的能力。这一评价能促进认识体制上的不足和能力上的差距。评估要求考虑到利益相关方可能的反应以及对改革产生不良影响的潜在冲突。最后，评价结论由利益相关方同意后生效，并开始经受部门改革复杂性的考验，用以寻找共同点，预防或管理可能产生的冲突。

（3）建议

最后，政策战略环境评价应提出具体的政策、制度、法律、管理和能力建设的建议，以弥补其不足，缩小差距，并妥善处理评价过程中发现的政治经济限制。采纳来自不同利益相关方的建议后能够加强支持群体的建设，因为这一举动提高了利益相关方的所有权，同时鼓励他们进行后续参与和监管，这一步骤最终也能提高政策制定者的责任感。

3. 政策战略环境评价后环境和社会主流化

政策战略环境评价报告完成之后，应进行某些后续干预措施以确保建议得到落实，环境和社会主流化成为一个连续的过程。至少，应通过适合于不同受众的机制，将战略环境评价的结果告知利益相关方。可能的话，应通过媒体对评价结果进行充分的传播和讨论。所有监测和评价框架都应作为战略环境评价期间建立的多方对话的延续。因此，对话应该允许对战略环境评价和部门改革的得失进行反思。

第四节　展望

战略环境评价能促进可持续发展，成为协助政策和部门改革的有效方法。因此，本书建议进一步增加测试，分阶段扩大政策层面的战略环境评价。而且扩大措施宜在大约 10 年内分三个阶段进行。主要的预期结果是：在选定国家进行更高水平的政策和部门改革的战略环境评价，提高其政策制定能力，促进环境、经济和社会的和谐发展；利益相关方间彼此更加信任；国家所有权加强。预期的发展影响将有利于经济可持续增长、减缓适应气候变化，并提高选定国家关键部门的环境和社会管理能力。

上述建议的进一步措施将重点推进以下各项：

（1）国家所有权

来自试点评价的有力证据表明，除非国家所有权得到保证，否则，政策和部门改革的战略环境评价很难行之有效。因此，上文建议的扩大措施中，捐款方、世界银行和其他多边机构应鼓励伙伴国家通过战略环境评价提高决策水平。但是，正如在环境影响评价中出现的那样，从测试实验的第一阶段直到战略环境评价扎根于部门规划和政策制定的全过程，都需要对参与国进行资金支持。因此，建议成立政策战略环境评价基金，向低收入国家提供赠款、专业建议和技术援助，以帮助他们进行政策和部门改革的战略环境评价。

（2）经济增长和气候变化关键部门的政策战略环境评价的能力建设

评估还提供了充足的证据证明，战略环境评价的有效性受部门改革的限制。进行战略环境评价时，部门改革设计往往被打断，成效也较为短暂。因此，在这一试点政策战略环境评价的新阶段，一种更具战略性的方法应运而生。能力建设应着重提高认识，把战略环境评价视作改善规划和决策的方法，支持在公共机构、顾问和民间团体层面，经济关键部门中的战略环境评价技能的积累。这一想法旨在启动一个新的进程，确保每一单独战略环境评价项目提出的制度、法律、管理、能力和政策调整互相促进，从而创造环境、社会及气候变化主流的良性循环。感兴趣的国家可以自愿参与到项目中，把战略环境评价应用到与经济增长和缓解气候变化相关的部门中。

（3）保持改革成功及环境、社会和气候变化主流化的激励体系

评估结果显示，除非有激励机制维持主流化和支持群体的质询监督，否则，评价过程可能脱离原轨或受到既得利益团体的阻挠。

（4）支持环境、社会和气候变化主流的捐助者和伙伴国结盟

在《巴黎有效援助宣言》的背景下，随着世界银行的新环境战略的提出，以及联合国开发计划署和环境规划署贫困与环境倡议（PEI）的提出，其他多边或双边发展机构的环境和气候变化主流倡议的影响力也有所增加，这一项目的提出旨在抓住促进政策战略环境评价的契机。由此看来，建立广泛的环境主流化联盟的时机已经成熟，这一联盟将明确不同利益相关方的角色和机会。世界银行可以把行业改革中更为专业化的经验传授给具有潜在影响力的联盟。这一联盟将帮助伙伴国间互相学习彼此在政策和部门改革中应用战略环境评价的经验，以解决诸如气候变化等共同的全球性挑战，使战略环境评价在全球范围内更加有效。

如果这一推广提案没有完全实现，战略环境评价仍对加强部门改革具有重要作用。评价提供的证据表明，捐助者和伙伴国应共同努力，在一定条件下，促进战略环境评价在政策和部门改革中发挥作用。这些条件包括：

- 确保国家所有权；
- 战略环境评价同部门改革设计同时进行，而非孤立进行；

➢ 在部门改革期间支持战略环境评价推荐的后续活动。

注 释

1 战略环境评价描述了分析和参与式方法，这些方法的目的是将环境因素考量纳入政策、计划和方案之中，来评估经济和社会因素间的相互联系（OECD DAC 2006，30）。

2 由 2001 年世界银行环境战略提供授权。

参考文献

[1] OECD DAC（Organisation for Economic Co-operation and Development，Development Assistance Committee）. 2006. Applying Strategic Environmental Assessment：Good Practice Guidance for Development Co-operation. Paris：OECD Publishing.

[2] World Bank. 2005. Integrating Environmental Considerations in Policy Formulation：Lessons from Policy-Based SEA Experience. Report 32783. Washington，DC：World Bank.

[3] World Bank. 2008. Environmental Sustainability：An Evaluation of World Bank Group Support. Independent Evaluation Group. Washington，DC：World Bank.

第一章　世界银行战略环境评价试点项目

环境退化仍然是世界各国持续关注的焦点，此外，连同食品价格飙升、全球气候变化和物种灭绝等一系列挑战，清楚地表明目前的经济发展不是可持续的。

解决环境和气候变化的主流方法一致认为，这些问题是经济发展带来的副作用。这些方法曾一定程度上能够有效规范和管理贸易和国内活动。然而，大多数发展中国家行政管理基础架构未能跟上经济活动的步伐，生态系统亦深受其害。

人们越来越认识到，要达成可持续发展的目标仅仅满足于符合标准、减轻负面影响是不够的，要努力把环境的可持续作为发展过程中的目标。这就要求把环境、可持续发展和气候变化因素整合入政策及部门改革之中。

这一想法已得到高层次的认可。例如，联合国千年发展目标中第七条要求世界各国“把可持续发展的原则整合入国家政策和项目中，扭转资源环境流失的局面”（http://www.un.org/millenniumgoals/environ.shtml）。

环境主流化要求在决策周期的最初阶段就要考虑到环境问题，此时发展中的挑战和干预措施刚刚成型。这种观念认为环境问题是发展中具有交叉性的一个方面。在欧洲和国家政策辩论中，政策层面的环境主流更多地被称为环境政策一体化。过去 10 年间，特别是在制定国家和欧洲的政策过程中，政府和研究界就如何促进这种整合获得了大量的经验。

要把环境问题纳入战略决策，应对政策制定的复杂性有所理解。公共政策由政府在公共部门的制度框架内制定。因此，在制定有关经济发展决策时，要考虑到环境问题，就先需注意到管理和制度改革中不透明的，甚至是杂乱的方面。

把环境问题整合入战略决策的工具和方法有很多，战略环境评价（SEA）就是其中最具前景的一种。战略环境评价起源于对开发项目的环境影响评价（EIA）。20 世纪 80 年代后期，进行环境评估的人员开始把注意力转向政策、计划和项目对环境的影响。许多国家开始尝试把战略环境评价应用于规划和项目中，并且部门权力机构制定了战略环境评价的政策、法律和法规（Dalal-Clayton and Sadler，2005）。欧盟制订了战略环境评价指令，成为这一发展的巨大动力。国际开发机构在世界银行的带领下，也开始在 20 世纪 90 年代对战略环境评价进行测试，开展了一系列行业和区域环境评估举措。

政策环境评价在新千年交接之际开始占据上风。到那时为止，30 年的项目层面环境影响评价和末端污染控制等环境保护的经验告诉我们，单纯处理现有的污染不足以形成更为环保、可持续的发展。人们逐渐意识到，将环境因素整合入部门综合决策过程是最有效的防治环境污染的方法。在政策设计的源头充分考虑累积性影响、环境治理最佳时机和不同部门间潜在的相互作用等因素，远远好于项目管理和末端限排等污染防治。这是 2002 年约翰内斯堡世界可持续发展首脑会议得出的主要结论。同时，这一观点也在千年发展目标和《巴黎有效援助宣言》中得到了反映。这种新的思维方式的必然结果是，在制定新的政策和战略规划时，如果人们能在考虑传统经济问题的同时考虑到环境和社会问题，那么经济效益就会得到提高。

因此，各国政府和发展机构已经开始尝试把环境问题纳入新的改革政策。在国际开发中，最引人注目的是由多机构支持的环境主流化方案，包括多边开发银行、联合国开发计划署（UNDP）和联合国环境规划署（UNEP）等。例如，UNDP 和 UNEP 贫困与环境倡议大力推广了国家和部门开发政策、计划和预算中环境主流化的理念。同样，贫困环境伙伴关系的多机构网络等尝试把环境问题主流化纳入开发援助中，支持国家和部门发展计划。

21 世纪初，另一个值得注意的提案是成立经济合作与发展组织（OECD）发展援助委员会战略环境评价任务小组，来促进发展及战略环境评价方法协调。该小组由捐助团体建立，包括大部分捐助者、许多重要非政府组织、顾问和对用战略环境评价促进发展合作有兴趣的学者。2005 年，《巴黎有效援助宣言》呼吁捐助方和合作方致力于发展和应用可在部门和国家层面开展战略环境评价的常见方法，作为对此呼吁的响应。2006 年，战略环境评价任务小组编制了《应用战略环境评价：发展合作的良好实践指导》，提出了四项具体建议。

经合组织发展援助委员会导则把战略环境评价描述为“使用多种工具的一系列方法，而不是固定的、单一的、预设的方法”。它认为，“应用于政策层面的战略环境评价需要特别关注决策过程所处的政治、制度和管理背景”（OECD DAC 2006，17，18）。导则还指出需要针对计划、规划和政策采用不同的战略环境评价方法。

2005 年，世界银行在《把环境因素整合入政策制定：政策战略环境评价的经验教训》（World Bank，2005）的报告中首先指出，战略环境评价应包括制度和管理方面。该工作为世界银行对政策战略环境评价的兴趣打下了基础，在某种程度上是对世界银行提出的从源头控制环境污染策略的回应（World Bank，2001），也是对业务政策 8.60 应用于发展政策贷款（World Bank，2004）的回应。该报告中的政策战略环境评价方法来源于中等收入国家环境分析积累的经验（Pillai，2008；Sanchez-Triana，Ahmed and Awe，2007）。

世界银行建议，应该把政治科学家对政策形成的见解引入政策层面的战略环境评价中。它指出，政策是政治舞台上利益竞争的结果，并受特定管辖范围内历史、经济、社会、文化和制度环境的影响。此外，世界银行还建议有效的政策战略环境评价需要注意以下几方面：选择合适的评价时机、加强对环境优先事项的重视、加强利益相关方群体建设和提高机构响应环境优先领域的能力。这些理念在 2008 年世界银行编制的《政策战略环境评价：良好管治的工具》（Ahmed and Sanchez-Triana，2008）一书中有进一步的讨论，该书还详细讨论了政策战略环境评价的分析基础。

第一节　战略环境评价在政策和部门改革中的试点

世界银行承认政策战略环境评价的尝试性质，在 2005 年开展了试点项目，尝试通过战略环境评价推动世界银行与政策相关的行动。

试点项目预计在 5 年内实施（2006 财政年度至 2010 财政年度末），该项目的主要目标一直是验证不同部门、国家和区域的政策战略环境评价的有效性。试点项目最终寻求吸取关于战略环境评价在政策和部门改革有效性的教训，并找到适宜的评价工具和方法。虽然政策环境评价方法起源于中等收入国家，但支持战略环境评价的试点项目大多是在低收入的发展中国家，因为它们是世界银行扶贫的重点。试点项目包括两大部分，第一部分提供拨款和专门援助，以支持与世界银行活动相关的八个战略环境评价试点。专栏 1.1 对已完成并评估的六项试点都给出了简要总结。

专栏 1.1　政策战略环境评价试点简介

1. **2005 年肯尼亚森林法案战略环境评价**

项目目标是发布并影响 2005 年肯尼亚森林法案的实施，及发布世界银行和肯尼亚政府关于可持续自然资源使用的政策对话。战略环境评价也适用于世界银行的资源管理项目，林业改革支持部门的准备工作。

2. **塞拉利昂矿业部门改革战略环境和社会评价**（SESA）

这项战略环境评价源于实施中的政策发展贷款，用来发布塞拉利昂开采技术援助项目准备工作。塞拉利昂矿业部门改革战略环境和社会评价的主要目标是，通过把环境和社会因素整合入部门改革，促进国家的长期发展。

3. **达卡都市发展规划战略环境评价**

这项战略环境评价旨在将环境因素纳入详细的区域规划（属达卡都市发展计划最低层）中。同时，它也用来告知世界银行达卡综合环境和水资源管理项目的准备工作。

4．我国湖北路网规划（2002—2020年）战略环境评价

这项试点评估了湖北路网规划（HRNP）对中国湖北省省内环境和社会优先事项的影响。湖北路网规划提出了由5 000公里高速公路和2 500公里公路（分Ⅰ级和Ⅱ级）组成的公路系统，该系统将湖北省所有的主要城市连接了起来。

5．西非矿业部门战略评价（WAMSSA）

这项试点的目的是明确把社会和环境因素纳入马诺河联盟国家矿业部门发展后，在区域政策、制度和管理方面所做出的调整，以及发布西非矿业管理项目（支持西非矿业改革的可调节项目贷款）的准备和实施过程。

6．马拉维矿业改革快速集成战略环境和社会评价（SESA）

作为马拉维矿产部门综述的一部分，快速集成战略环境和社会评估负责评估马拉维矿业改革的必要性，其主要目的是审查采矿业的环境和社会管理框架。同时，快速集成战略环境和社会评价也尝试着把关键的环境和社会因素纳入矿区和矿产政策的持续讨论中。

政策战略环境评价试点项目的第二大组成部分包括对试点的评估，这一评估由瑞典哥德堡大学环境经济学部、瑞典农业大学环境影响评价中心和荷兰环境评估委员会合作完成。

第二节　评价目标

鉴于对政策的环境评价经验不足，评价的主要目标是从试点中汲取教训，进一步发展把战略环境评价运用于政策和部门改革的工具和导则，从而促成可持续发展的结果。

评价的具体目标如下：

- 评估战略环境评价如何应用于试点中；
- 从操作性的角度使政策层面的战略环境评价更为有效；
- 进一步发展把战略环境评价应用于政策和部门改革的方法和导则（这是经合组织发展援助委员会战略环境评价工作组项目的共同目标）；
- 允许捐助方和战略环境评价专家反思战略环境评价的利弊，以作为增强发展政策的环境可持续性的手段；
- 发布经合组织发展援助委员会战略环境评价导则的实施和更新，因为这涉及政策层面的战略环境评价；

➢ 发布世界银行2010年的新环境战略准备工作。

第三节 评价方法

试点项目评估被设计为三阶段，如图1.1所示。第一阶段包括详细的文献综述，以加强评价分析基础，为评价者提供指导。本书文献综述的结果是题为“以制度为核心的战略环境评价的概念分析和评估框架”（Slunge et al.，2009）的文件。关于这一被称为评估框架的文件，可参见本书附录B。文献综述的目的是总结并批判性地讨论，以制度为核心的战略环境评价（政策战略环境评价）的分析为基础，为试点战略环境评价（见附录B）的评估提供分析框架。

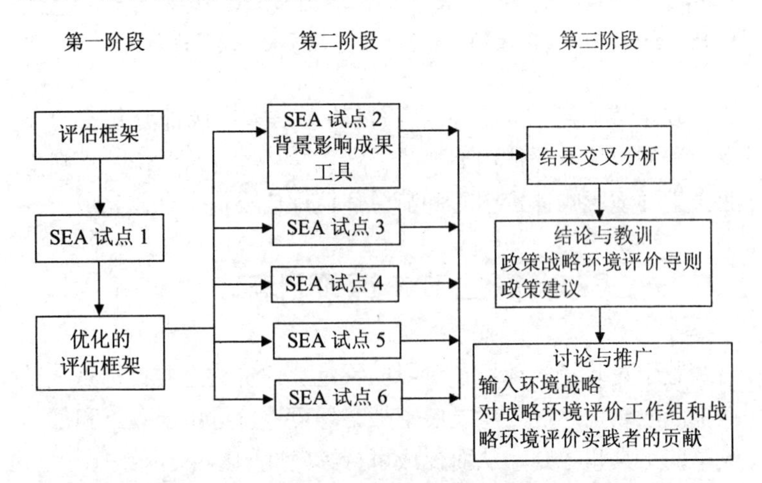

图1.1 政策战略环境评价试点项目评估方法

在阐述评估的第二和第三阶段之前，有必要简单介绍一下评估框架。评估框架的第一部分概述了政策战略环境评价的概念模型，包括步骤、结果和目标。概念模型如图1.2所示。其目的是指导试点的评价，为未来的政策战略环境评价活动提供方法。这一概念模型提出时，希望能够从6项试点的评估中吸取教训，并不断改进模型。

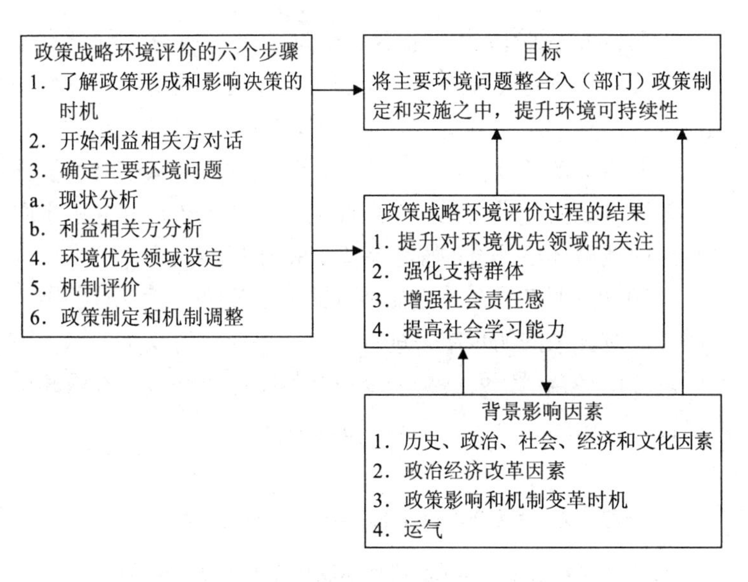

图 1.2 政策战略环境评价的最初概念模型：步骤、结果和目标

评估框架的第二部分包括对政策过程的广泛的文献综述、环境优先化、利益相关方代表、制度能力、社会责任和社会学习等问题。这些都是政策战略环境评价概念模型的一部分。评估框架的第三部分，也是最后一部分，提出了评估政策战略环境评价试点的方法，包括适用于不同试点背景和报告结构的一系列普遍性问题。

评估过程的第二阶段包括对不同战略环境评价试点（见图 1.1）的评估。每项评估过程包括最初的文献综述及随后通常为 1～3 周的现场调查，与参与战略环境评价试点的利益相关方进行面谈。这些谈话在评估框架中一个通用的协议指导下进行，协议由每个评估方制定，以应对待评估试点的特定背景。在一些评估中，需要对利益相关方进行广泛的访谈。例如，肯尼亚森林法案战略环境评价的评估方对 45 个利益相关者分别进行了单独访谈，并在一次小组会议上对另外的 21 个参与者进行了面谈。这六项独立评估最终形成了大量的包括分析和建议的评估报告，它们的平均篇幅为 40 页。这些评估报告是试点项目做最后评价的主要材料资源。评价摘要见附录 A。

评估的第三阶段也是最后一个阶段是对所有六项试点案例的主要发现进行交叉分析（见图 1.1）。这一交叉分析分两个层面进行。第一层面侧重于政策战略环境评价方法在影响政策过程方面的优缺点分析。第二个层面深入到对政策战略环境评价有效性方法的分析。这两个层面的分析结果改进和完善了政策和部门战略环境评价的概念模型和操作指南。

2010 年 4 月 7 日在日内瓦举行的关于战略环境评价的国际研讨会，对评估的初步结果进行了讨论，并获得反馈。这一国际研讨会由经合组织发展援助委员会战略环境评价工作组和世界银行联合组织（见专栏 1.2 和附录 D）。

专栏 1.2　发展合作的战略环境评价：全面分析与展望

经合组织发展援助委员会战略环境评价工作组和世界银行联合于 2010 年 4 月 7 日，在日内瓦的第 30 届国际影响评价协会年会上，联合举办了一次研讨会，回顾和讨论政策战略环境评价的整体进度，并讨论战略环境评价与世界银行集团的新环境战略的相关性。一种被称为“对话映射”的过程被用来集中讨论以下四个话题：

（1）影响战略环境评价在发展合作和减贫中有效性的障碍和促进因素

（2）世界银行在加强环境管理和可持续发展机制方面的作用

（3）战略环境评价在加强环境管理机制中的作用

（4）发展政策中战略环境评价推广的主要步骤

研讨会广泛认可为政策选用特定的方法进行战略环境评价的必要性，及利用这些方法在发展中国家进一步促进环境主流化的相关性。战略环境评价国家所有者权益，包括与发展机构职能的联系，以及对未来捐助方讨论的影响得到了许多关注。此外，研讨会强调需要展示证据，证明政策战略环境评价给现有过程带来了利益和附加值，并说明这些利益如何在战略环境评价结束后得以维持。

第四节　试点计划和评估的局限性

评估的重点是六项已完成的政策战略环境评价试点，诚然，这些试点不能完全代表特定的部门、地区或国家集团。样本的分析价值在于每个试点都聚焦于战略环境评价在战略层面应用的不同方面。按照案例研究的通用原则，系统比较了政策战略环境评价应用于各种环境的结果，从而确保了进行一般性概括的准确性。虽然案例及其评估都是经过精心设计后开展的，从案例研究到进行战略环境评价一般规律概括时仍需小心谨慎（见专栏 1.3）。

专栏 1.3　如何通过案例研究归纳出一般规律

“答案并不简单。然而，关于实验经常有这样一个问题：如何通过一次实验来总结出一般规律？事实上，科学事实很少基于某次单独的实验；而是通常基于在不同环境下产生相同现象的一组实验。同样的方法也适用于多案例研究，但需要合适的研究设计，这和科学实验有所不同。简短的回答是，同实验一样，可以通过案例研究归纳出规律性建议而非通用的理论。在这种意义上，同实验一样，案例研究并不代表某一个具体的‘样本’，并且在做案例研究时，目的是归纳出一般性规律（通过分析进行归纳），而非研究发生的频率（统计学意义上的归纳）”（Yin，2003）。

而且，虽然试点工作努力促成政府参与，但它们仍都由世界银行主导。这可能会限制未来将试点中的经验教训应用于发展中国家的政策战略环境评价。然而，这种限制不会影响试点工作中得出的进行政策战略环境评价有关原则。事实上，如果政策战略环境评价由发展中国家主导，可能会增加评价结果的有效性。这一问题将在本书的第二章和第四章中做进一步讨论。

一般认为，很少有政策能按最初制定的原封不变地执行。在实施过程中，政策通常被环境影响而有所改变。本次试点工作所涉及的六项政策中有四项在评估时还没有实施，因此，战略环境评价对政策实施过程中的效果尚不能得到全面的评估。评估的重点是战略环境评价对政策制定与执行的潜在影响。

最后，战略环境评价试点及其评估的目的并不是为了比较政策战略环境评价同其他战略环境评价方法学上的优劣。因此，评估报告中的结论也不能作为支持或者反对其他战略环境评价方法有效性的依据，由世界银行所发展出来的政策层面的战略环境评价方法是战略环境评价方法体系的一个组成部分。

第五节　本书的结构

本书介绍了六项试点交叉分析的结果。第二章的主体包括详细的跨案例分析。它检查确定试点是否在其管辖范围内，对政策干预产生的影响以及如何产生这些影响。同时，它还分析了战略环境评价试点在环境优先事项、环境支持群体的建立、社会责任感的提高、社会学习的加强等四个方面取得的成就。此外，本书的另一个重点是对那些促进和阻碍政策战略环境评价参与政策制定的因素进行了深入分析。

本书第三章为把战略环境评价应用于政策和部门改革提供了一个基本的导则。第三章以试点案例为基础，描述了战略环境评价过程的具体步骤。这部分的主要目的是为在政策和部门改革中进行战略环境评价的同行们提供方法学上的借鉴和指导。

本书第四章概括了评估的发现，阐述了战略环境评价在政策和部门改革中的推广应用面临的实际问题。指出了政策战略环境评价可以促进各国制定出更符合环境保护的可持续政策。本章还归纳了发展中国家战略环境评价系统和开发合作进行评估的政策内涵。

注　释

1　人们认识到气候变化问题与环境因素有着密切联系。在本书中，“环境”这一术语被定义为包括气候变化因素。

2　参见 Jordan and Lenschow（2008）及 Nilsson and Eckerberg（2007）。

3　本书中的“制度”这一术语的定义是广义的。它基于评估框架提供的定义，这一定义支持了整个评估，也将在稍后的章节中进行介绍。在评估框架所给出的定义中，制度由包括规则、法律等正式约束因素和包括行为规范、自制行为规则的非正式约束因素组成。评估框架所提出的制度的概念远比组织广泛得多，制度设计并推行规则，而组织只是具体执行者。在讨论机构能力建设以改善环境管理时有时候会倾向于把这两个概念等同，因此，明确机构和组织之间的区别就至关重要。进行战略环境评价时只局限在关注环境机构（如环保部或环境署）可能导致对其他机构注意力的转移，而那些机构往往对环境可持续发展有着同样甚至是更重要的作用(Slunge et al.,2009)。

4 参见 Dalal-Clayton and Bass（2009）。

5 指令 2001/42/EC。

6 Kjørven 和 Lindhjem（2002）综述了 20 项 1997—2001 年由世界银行进行的部门及区域环境评价的例子。其他多边机构战略环境评价方案的例子参见 Annandale 等（2001）。

7 参见 Brown and Tomerini（2009）。

8 参见 http://www.pei.org。

9 贫困环境伙伴关系是一个由捐助机构、多边机构和以研究为重点的国际非政府组织组成的团体。详见 http://www.povertyenvironment.net/pep/。

10 政策的形成是政策制定和执行的持续过程。虽然政策制定有明确定义的边界，但政策形成没有。参见第二章世界银行（2008）。

11 参见 Cohen，March and Olsen（1972）；Sabatier（1975）；Kingdon（1995）；第三章世界银行（2008）。

12 描述每个试点工作的文献资料参见世界银行的“SEA Toolkit”网页：http://web.worldbank.org/WBSITE/EXTERNAL/TOPICS/ENVIRONMENT/0,,contentMDK:21911843~pagePK:148956~piPK:216618~theSitePK:244381,00.html。

13 六个试点项目更详细的概括见附录 A。每一试点工作的文献资料也可见世界银行的“SEA Toolkit”网页（网址见上一条注释）。

14 因巴基斯坦的政治不稳定导致一个关于贸易政策的试点被耽搁，没能包括在评估中。另一个关于印度奥里萨邦气候变化的评价试点在本评估完成后才开始评价，也没有包括在本次评估中。

15 评估框架，曾于 2008 年年底在欧洲举办的两个研讨会及 2009 年 6 月华盛顿特区的一次会议上进行过讨论。

参考文献

[1] Ahmed，K.，and E. Sanchez-Triana，eds. 2008. Strategic Environmental Assessment for Policies：An Instrument for Good Governance.

Washington，DC：World Bank.

[2] Annandale，D.，J. Bailey，E. Ouano，W. Evans，and P. King. 2001. “The Potential Role of Strategic Environmental Assessment in the Activities of Multi-lateral Development Banks.” Environmental Impact Assessment Review 21（5）：407-29.

[3] Brown，A. L.，and D. Tomerini. 2009. “Environmental Mainstreaming in Developing Countries.” Proceedings of the International Association of Impact Assessment Meeting，Accra，Ghana. http://www.iaia.org/iaia09ghana/.

[4] Cohen，M. D.，J. G. March，and J. P. Olsen. 1972. “A Garbage Can Model of Organizational Choice.” Administrative Science Quarterly 17：1-25.

[5] Dalal-Clayton，B.，and S. Bass. 2009. The Challenges of Environmental Mainstreaming：Experience of Integrating Environment into Development Institutions and Decisions. Environmental Governance 3. London：International Institute for Environment and Development.

[6] Dalal-Clayton，B.，and B. Sadler. 2005. Strategic Environmental Assessment：A Sourcebook and Reference Guide to International Experience. London：Earthscan.

[7] Jordan，A.，and A. Lenschow. 2008. Innovations in Environmental Policy：Integrating the Environment for Sustainability. Cheltenham，UK：Edward Elgar.

[8] Kingdon，John. 1995. Agendas. Alternatives and Public Policies，2nd ed. New York：Harper Collins.

[9] Kjørven，O.，and H. Lindhjem. 2002. “Strategic Environmental Assessment in World Bank Operations：Experience to Date—Future Potential.” Environmental Strategy Paper 4，World Bank Environment Department，Washington，DC.

[10] Nilsson，M.，and K. Eckerberg，eds. 2007. Environmental Policy Integration in Practice：Shaping Institutions for Learning. London：Earthscan.

[11] OECD（Organisation for Economic Co-operation and Development）. 2005. “Paris Declaration on Aid Effectiveness.” http://www.oecd.org/

dataoecd/11/41/34428351.pdf.
[12] OECD DAC（Organisation for Economic Co-operation and Development，Development Assistance Committee）. 2006. Applying Strategic Environmental Assessment：Good Practice Guidance for Development Co-operation. Paris：OECD Publishing.
[13] Pillai，Poonam. 2008.“Strengthening Policy Dialogue on Environment：Learning from Five Years of Country Environmental Analysis.” Environment Department Paper 114，World Bank Environment Department，Washington，DC.
[14] Sabatier，Paul 1975.“Social Movements and Regulatory Agencies：Toward a More Adequate and Less Pessimistic Theory of Clientele Capture.” Policy Sciences 6（1975）：301-42.
[15] Sanchez-Triana E.，K. Ahmed，and Y. Awe，eds. 2007. Environmental Priorities and Poverty Reduction：A Country Environmental Analysis for Colombia. Washington，DC：World Bank.
[16] Slunge，D.，S. Nooteboom，A. Ekstrom，G. Dijkstra，and R. Verheem. 2009.“Conceptual Analysis and Evaluation Framework for Institution-Centered Strategic Environmental Assessment.” Working paper，World Bank，Washington，DC. June 23. http://web.worldbank.org/WBSITE/EXTERNAL/TOPICS/ENVIRONMENT/0,,contentMDK:21913032~pagePK:148956~piPK:216618~theSitePK:244381,00.html.
[17] World Bank. 2001. Making Sustainable Commitments：An Environment Strategy for the World Bank. Washington，DC：World Bank.
[18] World Bank. 2004. BP 8.60—Development Policy Lending. World Bank Operational Manual. http://go.worldbank.org/1GPIUNWHW0.
[19] World Bank. 2005. Integrating Environmental Considerations in Policy Formulation：Lessons from Policy-Based SEA Experience. Report 32783. Washington，DC：World Bank.
[20] World Bank. 2008. Environmental Sustainability：An Evaluation of World Bank Group Support. Independent Evaluation Group. Washington，DC：World Bank.
[21] Yin，Robert K. 2003. Case Study Research，Design and Methods. 3rd ed. Los Angeles：Sage.

第二章　基于可持续理念的部门改革

政策战略环境评价（SEA）概念模型（见图 1.2）认为，通过实施一系列的具体步骤，SEA 可以产生提升环境优先关注度，加强环境支持群体作用，强化政策实施过程中的社会责任机制，以及提高社会学习能力在内的一种或多种成果。此外，模型表明通过这些评价步骤，政府部门在政策制定和实施过程中把重大环境问题纳入其中的可能性大大提高了。

然而，SEA 很可能受到不同社会经济背景因素的影响，造成其实现预期成果、影响政策制定能力的下降。本章将结合六项试点项目的经验，通过分析促进或阻碍上述四项成果的背景因素，系统地评估其对政策战略环境评价有效性的影响，最后提出优化该概念模型的建议，从而提高 SEA 在政策和部门改革中的应用能力。

第一节　试点及其政策战略环境评价的成果

评价体系通过分析以上四项成果来评估 SEA 对试点项目的影响。所有的评估通过对比在试点项目实施前后，与 SEA 试点项目有关的个体、群体、组织及机构在态度、关系以及行为上的变化，来判断政策战略环境评价成果的有效性。

下面将对这些试点项目的成果进行分析，详细分析它们在何种程度上达到了预期的效果。

一、提高环境优先事项关注度

要判断环境优先事项关注度在试点项目实施后是否有所提高，评估人员需要思考以下四个问题：

① 对优先事项的定义是否比以前更为明确，这种变化是如何在相关书面文件中得以体现的？

② 在经济增长、消除贫困以及其他重要的发展议题上，环境优先事项是否被提上了相关日程？

③ 主要的利益相关方之间在何种程度上认同环境优先事项？

④ 试点项目是如何提高环境优先事项关注度的？

这项成果与公众的参与密不可分，因为优先事项是一种社会选择，从根本上说是利益团体社会倾向性的体现。实际上，没有利益相关方的参与，对优先事项的排序就难以实现。在优先事项设计的过程中，首先确定边界范围以找出关键问题，再根据其重要性进行整理和排序。

在某些案例中，仅仅是环保意识的提高就能对优先事项排序产生积极的影响。例如，在湖北试点项目中，战略环境评价对计划实施的交通项目可能给环境带来的潜在影响做了整体、全面的描述。报告增强了湖北省交通厅（HPCD）官员的环境意识，使他们认识到拟议的公路交通规划造成的潜在宏观环境影响。如今，湖北省交通厅官员在决策过程中更多地考虑到环境因素，这一点可以通过其每一项公路规划的设计阶段中都进行详尽的环境调查来证明。SEA 也间接地促成了湖北省交通厅发布一项新的通告，旨在鼓励高速公路建设过程中的环境保护措施。

所有评估都表明，SEA 试点项目对促进环境问题与社会问题间的对话起到积极的推动作用，尽管这种对话的内容及其对政策改革的潜在影响差异性很大。以一个快速的试点项目——马拉维矿业改革快速集成战略环境及社会评价（SESA）为例，SEA 专家很难在短时间内对环境优先事项进行全面的评价，他们只能把这个快速评价的重点放在矿业部门环境和社会管理系统和能力上。评价指出了其中的主要问题，并尽可能地把案例中的环境和社会问题提上改革议程。它同时建议，在矿业改革议程的制定过程中，应采用成熟的政策战略环境评价体系来合理评估关键问题，并以一种广泛参与、信息透明的方式确定相关问题的优先次序。

另一些试点项目使用了一些相当细致的做法，包括把利益相关方的参与纳入环境、社会优先事项排序的过程中，如西非矿业部门战略评价（WAMSSA）和塞拉利昂战略环境和社会评价（SESA）。但相比于优先事项的排序方法，政策层面的对话及其对促进环境可持续政策的长期影响更为重要。有证据表明，在这两个案例中，提高环境优先关注度能很好地提升环境和社会问题在改革议程中的地位，从而拓宽这两个国家在制定矿业政策时的视野。

例如，WAMSSA 项目的实施改变了利益相关方在一些跨边界采矿区域对协调发展政策的看法，这对于解决包括采矿作业问题（如上几内亚的森林砍伐）以及矿工迁入和矿区移民过程中带来的跨区域的环境、社会问题是至关重要的。这也许是 WAMSSA 对该地区矿业部门改革起到的最重要作用。在此之前，大多数利益相关方都对区域协调发展持怀疑态度，而这种消极的态度源于各个地区都主张对当地宝贵的矿产资源拥有自主权并长期控制着这些资源。这一观念很难改变，但是通过把地区主义和“产业集群”相关概念作为战略评价过程的着力点，SEA 团队成功地改变了大多数利益相关方的观点，因为这些人在监管框架和基础设施建设一体化的改革中得到了更多的利益。这种观点的改变与把改变“政府决策过程中缺乏透明度和连续性”作为重要优先任务的广泛咨询实践是密不可分的。在评估过程中采用了一对一的访谈模式，评估人员发现人们接受区域协调发展和矿业集群发展的提议，是因为相信和谐发展能够减少非法交易和寻租行为。

再如，“马拉维矿产业报告”（马拉维快速 SESA 就是其中的一部分）提供了一些具体的证据，显示环境问题正逐步被推上政治议程。此外，一项纵向比较也表明目前的情况大大改善，就在发布该报告的 3～5 年前，采矿业所面临的环境问题在政治议程上还处于较低的地位。这一改变很大程度上得益于铀矿开采的快速发展和铁矿、稀土矿的广阔前景。报告也提供了一个机会，使公众能够参与到环境危机的公开讨论中。在这一报告中，另一个表明环境优先事项关注度有所提高的表现是，马拉维政府在国家战略计划（增长与开发战略 2010—2011）中明确了大、中、小规模的各类矿厂要遵守环境和职业健康与安全标准的主张。

虽然在有些案例中，SEA 优先事项设定很好地推动了环境社会问题进入主流政策领域，但与此同时，在优先事项设定的过程中也显示出利益相关方对优先关注度的排序看法并非总是一致的。在马拉维的案例中，利益相关方在对待采矿所引发的环境问题的影响、范围和风险都持有明显不同的看法，进一步来说，在更广泛的领域中对环境问题相对于社会经济问题的重要性也存在着不同的看法。又如在 WAMSSA 案例中，仍有一些利益相关方对区域协调发展持消极的怀疑态度，其中不少人指出这三个马诺河联盟国家的政府没有在实质上推进区域一体化。他们认为政府代表们仅是出于公共关系的目的做姿态，表面上支持区域和谐发展。根据政治经济学理论，由于对寻租行为比较敏感，政府机构也倾向于维持现状。

即使在那些成功的案例中，环境优先事项的影响也明显是短暂和时断时续，而不是长久和持续的。马拉维的评估报告中表明了利益相关方之间保持长期对话的必要性，而这种对话应建立在可靠的环境信息基础上，才能保证利益相关方公平参与到广泛的交流讨论中去。

环境优先事项没有发挥良好作用的案例也为今后的实践提供了有益的教训。达卡案例表明，有影响力的群体可能会在利益相关方博弈过程中被给予过度的话语权，与之相对的是弱势群体的意见往往被忽视。这种不平衡导致在达卡案例中诸如生态脆弱及人体健康等问题实际上被忽视了。艾哈迈德、桑切斯-提亚纳（2008）和世界银行（2005）提出，优先事项的确定亟须纳入弱势群体的看法，因为他们所承受的环境恶化的负担与其在政策制定中的话语权完全不成比例。尽管一些试点为此在咨询阶段就投入了大量的精力，但显然也不能保证弱势群体能被顺利地纳入政策体系。例如，WAMSSA 在几内亚、利比里亚和塞拉利昂矿区进行了 10 项独立咨询，仍然没有找到有效的方法使处于弱势地位的手工矿业者拥有更多的话语权，而这对开展一个有效的对话是很重要的。

这些简要的分析中阐明了一个问题，即为了使各个群体在政策制定中能够得到充分代表，SEA 应始终对可能的障碍进行详尽分析，通过制定参与机制，使无组织的利益相关方的建议在政策制定过程中被充分考虑。遗憾的是，六个试点项目都没有将这种分析纳入其中。

最后，为使政策层面的 SEA 所产生的影响长期有效，加强地方对于环境优先事项设定的能力建设是很有必要的。虽然在试点中，一些 SEA 团队利用当地的顾问伙伴开展咨询活动，但没有太多的证据表明他们的能力建设由此得到了提高。但这种缺陷并不一定是当地顾问团队的责任，实际上政策战略环境评价应该把提高当地人员能力建设的内容纳入其职权范围。

二、强化支持群体

完善环境可持续发展政策的另一项先决条件是强化环境支持群体。根据政策战略环境评价方法理论，这些出于共同环境利益或关注而形成的支持团体，受到决策过程的直接或间接影响，是促使环境考量被持续纳入政策制定的关键力量。正如评估框架（附录 B）所述，“政策战略环境评价模型认为，如果没有强力、有效的环境支持群体，在政策制定过程中的环境主流地位将是短暂的，而政策制定时最终确定的法律、法规以及主席令在政策实施的过程中存在仅仅被部分应用，或是受到调整和扭曲，甚至忽略的风险。”

在其职权范围内，评估人员必须解决以下问题：

① 哪些支持群体的作用得到了加强？（民间组织、私营机构、行政部门，还是其他团体）

② SEA 报告完成后，利益相关方的参与及其网络是否得到维持？

尽管这两个问题都要求利益相关方的参与，但前者与提高环境优先关注度的目标密切相关，而后者与强化环境支持群体以及实施社会责任机制的联系更为紧密。

不同的试点项目中，支持群体的强化程度存在差异。在某些试点项目中，显示该地区环境支持群体得到加强，但这些政策战略环境评价项目的其他方面并非都受到较大影响。例如，达卡都市发展规划试点中，民间组织的行动已经表明了 SEA 能很好地强化环境支持群体。2008 年年底，即政策战略环境评价完成的一年后，为了评价首都发展局（该 SEA 项目的实施者）制定的详细区域规划（DAPs），当地的民间组织联盟成立了委员会对此进行调查。调查报告明确指出，这份 DAPs 与更高层次的达卡都市发展规划之间存在着不一致的内容，如对其低洼洪流区域保护方面的差异。调查报告的公布，使得 DAPs 的批准被至少推迟 6 个月之久。来自该委员会的几位委员也参与了 SEA 利益相关方咨询过程，可以说 SEA 咨询促进了这些民间组织针对这一问题的联合行动。

另一个强化环境支持群体的例子是 WAMSSA 的试点项目，其政策战略环境评价为用于处理区域规划和协同发展的制度机制提供了一次检测机会。在最后审批阶段的研讨会中，大量时间被用于讨论增加地区自主权这个焦点和充满争议的提案。许多利益相关方都热切希望看到 WAMSSA 项目或者至少是项目成果，能在世界银行项目完成后得以贯彻。其中很多人认为 WAMSSA 为西非矿业协调发展政策开创的良好局面不应被放弃，并讨论了如何更好地将这种全新的政策对话制度化。

这些利益相关团体的强烈呼吁，需要有一批长期的多方利益相关者以保证政策对话的持续性。参与者们曾明确表达过他们的无奈，之前很多报告和咨询的结论及建议在捐助方捐助的项目完成之后很快会被遗忘。甚至连政府高层支持的工作，也可能由于政治领导的变更而被迫终止或搁置。同样，一项得到发展伙伴或管理层支持的政策或计划，却常常会因为决策者的变更而导致其优先事项下降。其中一个例子就是塞拉利昂的试点项目，尽管它提出了很多有用的建议，但由于政府换届选举，采矿部门改革的项目被搁置了约两年之久。

如图 2.1 所示，这是由世界银行推荐并援助 3 亿美元的西非矿产治理规划（WAMGP）实施框架，旨在培养一批长期的环境、社会支持群体。在 WAMSSA 项目咨询会中，利益相关方的一项建议值得一提，他们呼吁扩大在 WAMSSA 期间确立的支持者培育机制的使用范围，并使其成为 WAMGP 项目管理中咨询和社会责任机制的一部分。这个建议也将是区域多方利益相关者指导委员会工作的目标。

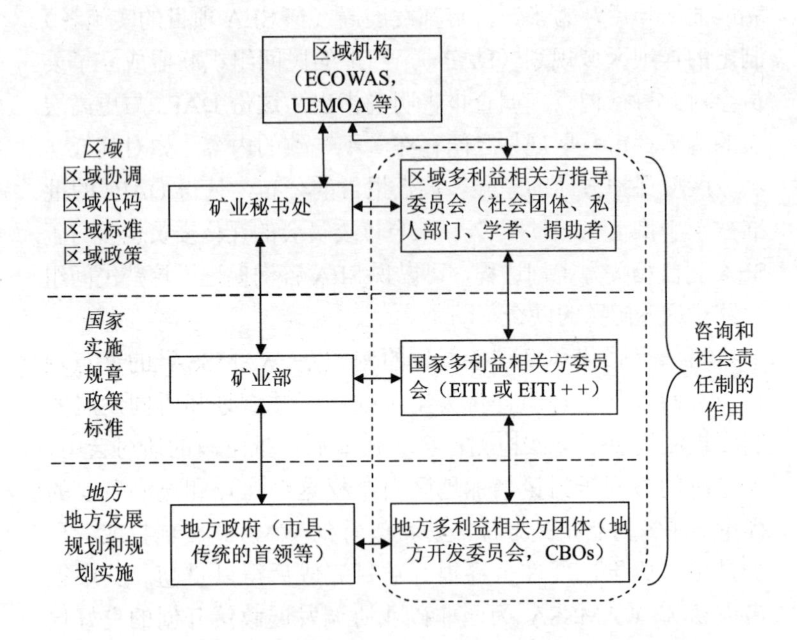

图 2.1　长期选区建设提案的案例：西非矿产治理项目实施框架

资料来源：World Bank（2010）。

注：ECOWAS——西非国家经济共同体；UEMOA——西非经济和货币联盟；EITI——采掘业透明度倡议；EITI + +——采掘业透明度倡议+ +；CBO ——以社群为基础的组织。

WAMSSA 试点项目的多方利益相关者间的对话是这六个试点研究中为数不多的成功案例之一，它深思熟虑地尝试培养一批长期的支持者，使其参与到许多利益相关方支持的环境地位主流化任务中。其他的试点也曾试图解决这个问题，但效果不佳。例如，马拉维矿产业报告和快速 SESA 项目中，也设法通过举办咨询会以及邀请利益相关方参与产业研讨会的方式强化支持群体作用。调查结果显示，这种研讨会的方式为参与者创造了一个更加平等的交流平台，有利于鼓励弱势的社会团体和非政府组织在一般矿业发展和特殊矿业经营中争取更大的利益。但是，这种支持群体的强化效果只是暂时的，而且在调查期间就已经开始出现减弱的趋势。

其他试点项目在强化支持群体广泛性和长期性建设方面的收效甚微。例如，在湖北道路交通规划案例中，咨询对象只涉及政府机构。SEA 团队提出的设立路网环境管理常委会的建议受到了当地负责部门（HPCD）的冷遇。

最后，分析多个案例得出的一致结论是，要影响政策制定的方式，就必须在咨询利益相关方和培养支持者方面付出大量的时间和努力。普遍的一个问题是，一次性的咨询方式（进行时间只有 1 天且局限在一个房间的咨询形式），未必是和当地居民沟通的最有效的方式。三个矿业试点的情况是，矿业区通常远离城市，其咨询会会接触到大量未受教育人群，因此在咨询前应该做更充分的准备，在咨询过程中需要更长的面对面交流的时间，以及更为友好的氛围。在达卡都市发展规划的案例中，评估者发现许多参与者甚至不记得自己曾参加过 SEA 咨询会议，这是最令人沮丧的失败经验。

三、提高社会责任

社会责任在评估框架中被定义为“自下而上”的或需求方的责任。环境支持群体的任务就是强烈要求实行社会责任机制。

强化社会责任是加强环境治理、确保 SEA 有足够影响力来抵抗各种政治上的干预因素的关键途径。根据世界银行 2005 年的一项报告，需要特定的社会责任机制来确保政策设计中所做的承诺得到实施和延续。评估框架以及艾哈迈德和桑切斯-提亚纳（2008）明确指出，社会责任可以通过以下途径进行强化：

- 在信息公开、公众参与、公平正义中加强立法和实践；
- 建立更加透明的制度，提供政策审查和实施监管；
- 在政策的实施或自然资源管理过程中，将参与要素制度化；
- 强化长期支持群体，扩展政策宣传途径。

世界银行（2005）指出，仅仅采取平衡相关利益集团的做法不足以确保社会责任的改善，为确保政策设计中所做的承诺得到实施和延续，需要一个特定的社会责任机制。

通过以下问题，评估人员可以了解社会责任的改善状况：

① 在环境事务的信息公开、公众参与和公平正义方面，立法是否有所进步？

② 实施立法知情权的制度机制是否得到加强？

③ 利益相关方（尤其是其中的弱势群体）参与战略决策的机制是否健全？

④ 政策决策的透明度和过程中媒体的监督是否有得到强化的证据？

即使是时间最长的试点项目，实施的过程也不到两年，很难说这些过程对社会责任有直接而长期的影响。但是，可以把 SEA 视作制度体系中的催化剂，促使决策者更为负责任地作出决定。

但是，并非所有进行试点项目的国家对于公众完善社会责任的要求，都能给予积极的回应。湖北公路网规划 SEA 报告指出，中国的决策制定过程具有高度的集中度和政治化的特点。评估报告还指出:“所有的规划取决于政治指示……和各个部门的领导……决定规划的每一个关键环节。最终的原则是领导决定一切，这不利于营造独立思考、利益相关方磋商以及公正评估的环境”（Dusik & Jian，2010）。

这种阻碍社会责任落实的因素，在不同进行试点项目的国家里表现出不同的特点。一些非洲国家，尤其是那些刚刚摆脱冲突的国家，在受访民众的描述中是“低诚信度”的社会（Annandale，2010）。即使乐观地认为这些国家对加强社会责任的公众需求很大，但仍然很难建立起社会责任机制。

有两个试点的案例在克服犬儒主义、提高社会责任方面取得了小而重要的进步。一是马拉维快速 SESA 试点项目，在信任缺失的社会背景下，收集和共享环境以及社会焦点信息的过程加快了关于当地采矿业民间社会团体责任机制的议程。此外，对于建议调查马拉维加入“采掘业透明度行动计划”可行性的提案，利益相关方也表示欢迎，这被看做是加强社会责任的重要途径。

二是在 WAMSSA 的例子中，来自利比里亚和塞拉利昂的利益相关方对政策战略环境评价的实施表示肯定，认为它有“使决策权远离矿业公司和政府”的潜力（Annandale，2010）。现实中，大型的矿业公司往往秘密地与政府进行直接合作，企图进行合同谈判来获得更多的矿产资源使用权。虽然这些强势的利益相关方可以根据自身条件进行谈判，但其对社会责任机制所作出的公开承诺（如多方利益相关者的参与）却会使这些矿产企业也可能是政府感到难堪而退出，并回到双边谈判上来。

探讨社会责任的文献常常强调要建立或加强体制机制，以确保政策制定方式更加透明。同加强支持者能力建设一样，这种体制机制必须足够强大，以确保人们长期参与到把环境问题纳入政策制定的主流过程中。图 2.1 为与即将来到的 WAMGP 相关的责任框架提出了细致的建议。这种责任机制有很好的前景，因为它与国家内部的管理系统密切相关。正如评估框架表明的，制度化是克服一次性参与形式的重要方式。这种一次性参与形式会使人产生“参与本身就是间断过程”的错误想法。

虽然 WAMGP 项目提出的责任管理框架令人鼓舞，但在开始改善社会责任的进程中，其实还有更简单的方式可供考虑。例如，达卡都市规划项目的最终 SEA 报告没有发放给利益相关方。因未能在咨询过程中向参与者提供反馈，这个 SEA 错失了加强学习、强化责任和提高支持者作用的机会，并可能导致受访者认为他们的投入没有得到重视。如下一段话直接引自达卡项目评估中受访的民间团体代表：

“SEA 之后，应涉及所有相关方……我们要使它成为政府的议题……让他们知道这是我们共同的分析结论。但由于我们没有能够参与该 SEA 的后续工作而变得与它再无关系，这是不好的一面。我们参与到评估中，渴望看到改变，并对它抱着乐观的态度，但最后我们的建议却不被考虑……所以，我不认为受访的民间组织能成为该报告强有力的一部分（无论是作为参与者还是所有者）。我们无法继续参与这个评估工作，因为我们连报告的副本都得不到……我们本以为这份特殊的报告能成为指导我们行动的工具”（Axelsson，Cashmore and Sandstrom，2009）。

考虑到在 SEA 上花费的大量金钱、时间和精力，这一问题为何依然如此常见，令人感到疑惑。一方面，SEA 的支持者经常提及咨询和支持群体能力建设的重要性；另一方面，却依然把这些参与实践看做是离散的、一次性的活动。而悲观者（犬儒主义者）的说法是，这些支持者对于咨询会的所有期望仅仅为了证明其已经被执行，并在最终报告中尽量多地被提及。显而易见，这种形式化的咨询会对提高长期社会责任的目标起到适得其反的作用。

SEA 对社会责任的影响方式也可以是间接的。在塞拉利昂的 SESA 试点中，评估人员发现 SEA 的实施过程对“贫人的公平”倡议（J4P）产生影响。该倡议为了强化矿业社群层面的社会责任，正在研究切实可行的干预措施，如提高矿业公司与当地社群间互动的认识水平、加强维系矿业公司与社群关系的制度建设等。该规划的负责人称，“为强化当地矿业部门责任，他们开展了进一步研究和切实可行的干预措施，而 SESA 项目为这些活动的必要性提供了非常有用的可靠论证。”

综上，虽然一些试点项目展示出强化社会责任的探索性动向，但这种制度机制的落实到位还为时尚早。

四、支持社会学习

社会学习是政策战略环境评价能提供的第四项主要成果，它涵盖在社会中改变观念、价值观、优先次序的过程中。更准确地说，SEA 试图促成在主要决策方和利益相关方中的学习过程，它可以通过量变或技术学习的单循环模式，也可以通过质变和概念学习的双循环模式来实现（Ahmed and Sanchez-Triana，2008）。

通常，要想通过一个外在措施去衡量社会学习的类型和程度是很困难的，因为社会学习是一个缓慢的进程（通常需要几年时间）。如下文所述，在政策战略环境评价的四项功能中，对社会学习这项成果进行解释是最为复杂的。

在试点中，以下问题是需要评估人员回答的：

① 谁在学习？是政府官员、主要决策者，还是更为广泛的社会人士？

② 学习的内容是什么？是单纯技术学习，还是对更基本的问题和策略进行再概念化？

③ 政策战略环境评价试点是否通过以下方式创立或加强了学习机制?

a. 部门间或多部门协作程序

b. 邀请环境、社会代表以及多方利益相关者进行政策改革的对话

c. 对可能因政策变动而受损的利益群体进行补偿

d. 为政策和规划微调提供反馈的检测和评估

e. 把研究团体纳入政策制定的过程中

试点案例对这些问题只给出了有限的答案。在湖北交通规划试点中，被调查的受访者一致认为：在这个 SEA 试点中，最有用的方面是对于基线分析数据的共享，这种共享有助于开展社会学习。这个试点案例的背景，是中国决策部门的管理机制使得数据的获取相当困难，这些数据往往被视为是政府机构的“私人”所有，因此 SEA 团队必须向相关部门购买数据。湖北项目的评估人员认为，这种数据私有化现象可能会严重制约中国的社会学习。因此，湖北案例中对基线数据的开放共享显得非比寻常，尤其是它促使部分利益相关方参与到技术学习中去。

尽管在湖北的案例中，对制度的分析结论存在争议，但三位受访者认为这存在争议的部分恰恰是 SEA 有用的部分。一些参加了研讨会的利益相关方表示，他们把制度分析的一些结论应用于日常工作中，尤其是在回顾道路规划相关法律及环境管理相关规定时。达卡都市发展计划的试点中也得到了类似的反馈，调查显示 SEA 对达卡的城市发展进程产生了间接影响。一定程度上，它使达卡首都发展局内部逐渐认识到：要想采取一种更全面的方法来规划城市的发展，需要借助环境评价。

非洲的两个案例强调了 SEA 能起到加强正在开展的社会学习的作用。马拉维 SEA 试点项目的调查显示，政府官员越来越认识到，提高部门间应对矿业风险与机遇方面合作的必要性，把社会团体纳入发展进程中的必要性，以及在采矿业和当地社群之间建立利益分配机制的必要性。虽然很难确定快速 SESA 在当地社会学习中发挥的确切作用，但评估人员根据以上证据断定社会学习已经开始。

在塞拉利昂研讨会期间对利益相关方的采访表明，

WAMSSA 已经为探索提出高层次政策提供了新的思路。例如，来自几内亚的机构利益相关方认为，WAMSSA 为处理超越矿产部门范畴的环境、社会问题提供了一种系统性的理论方法。

这些项目试点在激发某种形式的社会学习中发挥了作用，但对这种作用的简要概括却表明，学习其实是一个难以操作化的概念——部分是因为它的广泛性和抽象性。对于政策制定中社会学习的定义，亟须一个更具体的概念。同时，我们也需要对如何衡量社会学习这一概念有更好的理解。这将在下一部分详述。

表 2.1 总结了政策战略环境评价对各个试点项目的调查结果，主要从提高对环境与社会优先事项的关注度、强化支持群体和改善社会责任制的角度进行评价。下一部分将对社会学习的问题进行重新定义。

表 2.1　政策战略环境评价的成果（社会学习除外）

试点	环境优先事项关注度的提高	支持群体的强化	社会责任的提升
塞拉利昂 SESA	确定环境和社会优先事项是支持矿业改革的贷款项目的前期准备工作。省级的优先事项是根据案例分析和采访的结果在省级研讨会上由当地的利益相关方选定，而国家级优先事项则从省级优先项中选取，并最终由利益相关方在国家级研讨会上确认	SESA 成功地发起了矿业改革中关于环境和社会方面的多利益相关方对话，但是，当地矿业社群和传统权威机构对该对话的参与仍然有限	SESA 影响了塞拉利昂 J4P 倡议，该项目认可 SESA 对其活动的重要贡献，包括培育了对社会责任问题的公开讨论
湖北路网规划	试点对拟议的交通规划可能对环境造成的潜在影响作出了一个综合的、全面的评价。这一结果提高了湖北省交通厅（HPCD）高层领导对计划发展的公路交通可能导致的宏观环境影响的认识	在支持群体建设方面没有实质上的影响，但是湖北案例中对基线数据的开放共享，被认为是不寻常的，它使利益相关方参与到技术和社会学习中去	对社会责任制无实质影响

试点	环境优先事项关注度的提高	支持群体的强化	社会责任的提升
西非矿业部门战略评价（WAMSSA）	试点为环境和社会问题提供更有效的对话，包括运用了一些相当精细的方法使当地、国家和跨区域的利益相关方参与到优先事项的排序中。在矿业改革背景下，它通过支持区域化的方式，去解决环境和社会优先事项问题	SEA 过程对处理区域规划和协同发展的制度机制提供了一次检测机会。该过程通过促进对矿业改革区域议程的讨论，提高了矿业民间社团的能力	利益相关方提出了一个被称为“家”的复杂、可持续的多方利益相关者框架，用在 WAMSSA 项目咨询期间开始的政策对话中。它包括了跨区域、国家和地方三个层面上形成的多方利益相关团体，以确保矿业发展决策中利益相关方的参与和社会责任
达卡都市发展规划	环境优先事项的识别是基于 SEA 团队分析评价和选定的利益相关方对环境问题评级的综合排名。然而，这一结果并未用于指导后续磋商，也未在详细区域计划中提及。此外，脆弱性和健康方面的问题被疏忽	短暂的咨询形式没有为个人反思和对发展议题达成共识提供充足的时间。 由于未能向参与者提供反馈，该 SEA 过程错失了一个允许支持群体寻求社会责任的机会	该 SEA 提出的关于机构改革和强化责任的建议似乎尚未被首都发展局或任何其他国家机构施行
肯尼亚森林法案 SEA	全国性的利益相关方研讨会促进了环境和社会问题及优先事项的排名，并强化了充分解决这些优先事项的需求。 该 SEA 通过阐述全国范围的森林政策行动矩阵，培养人们在处理优先事项方面达成共识	通过邀请地方的和较弱势力或影响力的利益相关群体（如非政府组织、CBOs、当地社群代表），该 SEA 过程创建了一个更大的交流平台，去讨论并优化森林改革活动。 它通过林业团体联盟对强化当地支持群体起到了边际贡献的作用	利益相关方研讨会和一些公开的讨论涉及了社会责任的问题，并对那些可能会提升社会责任的实践活动给予鼓励。随着森林政策行动矩阵（政府部门和机构是主要参与者）的实施，SEA 为利益相关方提供了一个能使政府和其他利益相关方承担责任的工具

试点	环境优先事项关注度的提高	支持群体的强化	社会责任的提升
马拉维快速SESA	在研讨会上，利益相关方重点讨论了环境和社会优先事项，但时间限制使参与者不能对快速SESA的优先事项部分做出全面的考量。它为环境和社会问题进入改革议程做出了贡献	利益相关方研讨会有利于鼓励弱势群体，尤其是民间社团在矿业部门改革过程和特殊矿业经营中要求更多的利益	在信任严重缺失的社会背景下，快速SESA试点在收集和共享环境和社会关键信息上做出的成就虽然很小，但有助于提升社会责任

来源：作者。

五、政策学习

社会学习涉及广泛的社会性和集体性过程，包括对信息的重新组织、形成新的理解以及进行对话和反思过程。对试点评价的交叉分析表明，政策战略环境评价范畴内的社会学习更准确的称法应该是“政策学习”。当一个行为者作为政策制定过程中的利益相关方，对政策的问题、目标和战略进行回顾和反思时，政策学习就发生了。政策学习机制可以理解为一个积累的过程，它至少包括三个阶段：知识的获取、知识的理解和知识的制度化（Hubert，1991）。

要让与SEA有关的政策学习概念化，最具体的方法就是从它对政策能力、政策视野和决策体制的影响入手。政策制定过程中这些基本条件的改变，可以视作是政策学习的具体表现形式。例如，反馈和再思考可以扩充政策能力，而把新思想纳入政策框架可以拓宽政策视野，这种政策视野的拓宽被认为是某些特定决策体制的具体变化。对决策过程中基本条件的不断影响，最终会给目前的政策制定带来长期变化。Garden（2009）指出：“这三类影响最重要的一点是，它们都超越了单纯地对某一特定政策的改变。与其说改变特定的政策，不如说提高了形成知识、运用知识取得更好发展结果的能力，这才是其最有意义、最持久的影响。这种影响力可能需要数年，甚至数十年才能发挥效果或效果变得显著，但与其收获相比所花费的时间是完全值得的。”

本书认为，这种影响力背后的主要过程是学习机制。换句话说，政策学习过程涉及知识的获取、解释和制度化，这些因素通过逐渐积累来拓宽政策视野，增强政策能力以及影响决策体制。表 2.2 尝试把三种概念化的影响应用于试点中。在这些试点中，政策能力的提升，体现在促进跨机构的互动和政策权衡性的考量上；政策视野的拓宽，体现在以创新的角度看待政策框架中的问题上（如 WAMSSA 项目的区域策略）。另外，通过公众参与为对话创造条件，以及对多方利益相关者的政策理念、价值观和看法表示承认等，也是政策视野拓宽的表现（确立这一过程，可以借鉴 SEA 中利益相关方选择并确定优先事项和对策建议的案例）。由于从试点结束到调查开始的间隔时间较短，这些试点项目对决策制度的影响更多的是潜在的而非现实的，少数现实的影响主要表现为激励机制的变化和对行为有影响的决策规则修改等方面。在决策体制的影响上，WAMSSA 和马拉维的试点被认为是极具潜力，中国湖北和塞拉利昂试点则是中等潜力，而肯尼亚试点被认为有中等的实际影响。表 2.2 为每一个试点项目在这三个方面可能受到的影响给出了一个大致的描述。

表 2.2　SEA 试点对政策能力、政策视野和决策体制的影响

试点	增强政策能力	拓宽政策视野	完善决策体制
塞拉利昂 SESA	SESA 对世界银行提议的矿业技术援助项目（MTAP）的设计有显著影响，该项目旨在促进部门的可持续发展。该 SESA 还为世界银行发起的旨在提升基层责任的 J4P 倡议提供了重要的数据和信息	在矿业改革即将实施的背景下，从多个视角——包括省和国家级的矿业部门、环境部门、捐助者以及民间利益相关方——对关键的环境和社会问题进行讨论	SESA 影响了决策体制，如在矿业活动中对土地和水资源的使用、环境管理，以及通过实施 MTAP 项目实现的矿业活动利益分配

试点	增强政策能力	拓宽政策视野	完善决策体制
湖北路网规划	SEA帮助HPCD加强了环境管理，建立了用于检查其各部门环境绩效的新标准。 现在，HPCD要求所有高速公路项目的开发商都要对环境问题予以更多的重视。SEA试点促进了对路网整体发展进行更详细的监控	虽然存在争议，但制度分析为机构内部和多机构间的协作提供了建议，这可能最终影响到HPCD的组织结构。 基线分析中的数据共享是这个SEA试点中最有用的方面，并促进了政策学习	如今，HPCD管理层在每个公路项目的设计阶段，都对环境问题更加关注。SEA还间接促成了一个由HPCD管理层发起的新通告，该通告鼓励在高速公路建设时期加强环境保护的实施力度
西非矿业部门战略评价（WAMSSA）	多方利益相关者咨询框架的附加值已经在地方、国家和跨区域层面得到建立。 利益相关方为促进区域和谐化、提高西非矿业重要环境和社会经济问题的跨界管理能力，对相关的政策建议进行讨论并加以确定	WAMSSA通过对国家和地方利益相关方授权的方式，明确了地区之间和谐/协调发展与提高治理能力间的关系。 利益相关方开始致力于在三个马诺河联盟国家中，实施区域集群化发展的矿业政策	西非各国政府采纳了WAMSSA提议的多方参与的框架，该框架有望成为西非矿业治理计划的责任框架
达卡都市发展规划	首都发展局没有考虑SEA提出的建议。孟加拉国政府尚未批准为决策者准备的政策说明	世界银行驻孟加拉办事处和首都发展局现在认识到，需要通过持续的技术援助方式，来促进首都发展局的能力提升。然而，直到评估实施，首都发展局仍然没有得到技术援助	该SEA过程强调，首都发展局距离有能力履行土地利用规划职责，还有很长一段路要走。因此，SEA可能有助于缩小了世界银行计划的干预范围并加强了干预力度

试点	增强政策能力	拓宽政策视野	完善决策体制
肯尼亚森林法案 SEA	该 SEA 向利益相关方提供了一个更好地理解新法案中可能性和创新性的机会，尤其是一个使农村社团掌握新的森林使用者权利和森林管理资金的机会	该 SEA 有助于展现利益相关方在参与关键政府部门、机构用于解决林业问题的行动在计划和实施时的需求。它提升了对部门内和跨部门合作需求的认识，也提升了对通过履行并后续跟进森林政策行动矩阵来实现新森林法案的必要性的认知	该 SEA 表明新森林法案的实施，推动了新的森林政策的最终出台。它加强了对新的森林法案内容的解释并提高了对它的认识（例如，使用权利的继承，投资，可持续发展的森林管理等）。SEA 为肯尼亚对森林可持续性管理和监督的能力建设，提供了长期支持
马拉维快速集成 SESA	对政策能力没有实质性的影响	该试点对以下几方面加深了理解：a. 在应对矿业部门风险和机遇时，提高部门间合作的必要性；b. 把民间社团纳入发展过程中的必要性；c. 在矿产企业和当地社群之间安排利益共享的必要性	在评估进行时，法律或政策方面没有实质上的变化。然而，快速 SESA 和更广泛的矿业部门报告可能对后续政策的发展产生影响

来源：作者。

第二节　政策和部门改革中影响 SEA 有效性的促进和限制因素

前述分析显示，SEA 在不同的试点产生的作用有很大差异。在某些试点中，政策战略环境评价能够取得成功，而在其他试点中却没有。要理解这一点需要对每一试点的背景环境进行分析，并了解试点项目是如何适应这种背景的。

在世界银行发布的政策战略环境评价文献中，背景因素被强调为驱动因素，会对 SEA 的影响力产生促进或抑制的作用，并且背景因素对其他的 SEA 方法也产生类似的效果。近年来，其他一些试图把环境思考纳入主流发展政策的研究也证明了这一观点。例如，Dalal-Clayton 和 Bass（2009）进行了一次关于主流化工具在发展中国家应用的全球性调查。在调查进行到中期时，他们意识到地区调查工作中的主要教训是，相比对单个工具的赞成和反对，受访者在环境问题上更多地受到背景因素的影响，如变化的主流化驱动力、给他们带来影响的限制因素以及相关的在政治和制度上的挑战。在另一个近期案例调查中，Brown 和 Tomerini（2009）认为发展中国家环境主流化的有效达成，必须对该国政策及规划的结构和制定过程有所了解。

本章其余各部分的重点是对影响政策战略环境评价成果的环境背景因素进行分析。跨案例的分析表明，值得讨论的环境背景因素包括：所有权、机遇、政治经济和权力精英、非正式制度以及社会能力，总体上这是由历史、政治、经济、社会、文化和制度等因素综合决定的。

一、所有权

所有试点调查都对 SEA 过程中所有权的重要性作出某种形式的评价（见表 2.3）。在处理各方关系时，都需要回答关于所有权的问题，包括在捐助方/多边机构与伙伴国之间的关系中，在政府内部和伙伴国关键的支持群体间的关系中，以及在推动 SEA 的捐助方/多边机构内部之间的关系中。

正如评估者指出的那样，所有权缺失降低了试点中 SEA 对其政策制定过程的影响力。《巴黎有效援助宣言》（OECD，2005），强调了 SEA 过程中国家所有权的重要性。在该协议中，各国承诺“对国家发展策略的形成和实施发挥领导作用”（§14），捐助国也承诺“尊重伙伴国的领导权，并帮助加强其实践这一权力的能力”（§15）以及“增加与伙伴国在优先事项、体制以及进程方面的一致度”（§3）。

表 2.3 总结了限制或促进达成政策战略环境评价目标的背景因素。

表 2.3　限制或促进达成政策战略环境评价目标的背景因素

试点	政策战略环境评价过程中的国家所有权	机遇	政治经济和政治精英	非正式制度的作用	保持环境社会问题主流化
塞拉利昂 SESA	有限的国家所有权，因为该过程由世界银行领导。SESA 完成后，国家政权的变更加剧了这一状况	该 SESA 项目与改革议题相关，因为它通报了矿业贷款的准备活动。然而，新当选的政府使矿业改革暂停了大约两年	政治经济因素是推迟矿业部门改革的重要原因	酋长对获取和使用土地所起到的调节作用仅被部分分析。这削弱了 SESA 在解决社会和环境优先事项问题方面建议的有效性	当矿业部门改革进程停滞时，J4P 项目和 WAMSSA 延续了由 SESA 发起的矿业部门改革和社会责任的政策对话
湖北路网规划	HPCD 拥有所有权	县、市权威部门应该参与其中，以增加 SEA 的有效性	尽管试点的利益相关方参与程度明显优于往常，但在中国盛行的高度等级化的权力结构限制了 SEA 政策方面的有效性	在中国，非正式制度似乎没有对 SEA 试点产生影响	SEA 提供的基线分析和总体建议，被 HPCD 继续用于公路网发展的决策制定过程
WAMSSA	民间社团和 WAMSSA 指导委员会，对政策对话过程拥有很大的所有权	政策战略环境评价利用了一个逐渐形成的共识，即区域化的方法可以更妥善地处理好西非的扶贫问题	广泛的咨询活动取得了足够的证据证明，利比里亚、几内亚和塞拉利昂之间区域合作的矿产政策对该地区的政治经济有所帮助	政府内部强势的寻租利益集团、"中间人"和非正式制度（酋长制）可能威胁到改革计划的远期成功	包括多利益相关方在内的管理框架提案被西非各国政府所接受。这个框架将建立一个长期的支持群体过程，有促使政府变革更持久的潜力

试点	政策战略环境评价过程中的国家所有权	机遇	政治经济和政治精英	非正式制度的作用	保持环境社会问题主流化
达卡都市发展规划	国家所有权在初始阶段就十分弱小。首都发展局工作人员显然把该SEA彻底看作是一个世界银行项目	SEA试图把空间规划当作广泛政策改革的机遇，所以它很少有机会解决一些导致达卡城市环境恶化的根本问题	因为首都发展局筹集资金的主要方式是通过土地开发，因此它并不用对更高管理层负责。出于同样的原因，它也很少对改革或变化感兴趣	该SEA没有考虑历来根深蒂固的庇护行为，而这种行为会影响行政机构内部的制衡体系	SEA报告没有发放给利益相关方，也没有提供任何其他类型的反馈。这令利益相关方感到沮丧
肯尼亚森林法案SEA	国家所有权有限，因为评估过程由世界银行领导。林业改革临时秘书处的废除进一步减弱了国家所有权	SEA为促进新森林法案的实际解释和实施提供了机会	该SEA解决了一些潜根本的政治经济问题，例如，对森林周边弱势群体施加政治压力，会导致肯尼亚森林资源的滥用现象	在农业部门中，非正式制度的作用即使有也是次要的	尽管森林政策行动矩阵得以实施，但SEA的影响大体上是暂时的，难以得到维持
马拉维快速SEA	国家所有权有限，实施过程由世界银行领导	快速SESA被适时地融入到制定新的矿业部门政策和法规以及促增长、减贫困战略的过程中	评估者认为这不是快速SESA中的重要问题	快速SESA未对传统制度进行分析	一个完整的政策战略环境评价被推荐并计划实施

来源：作者。

评估结果显示，伙伴国家对 SEA 的态度，从礼貌地接受一直到含蓄地反对都存在。遗憾的是，在所有的试点案例中，没有任何迹象表明存在强有力的地方所有权。只有 WAMSSA 试点可能是个例外，一些民间社会团体对 WAMSSA 开展的政策论坛拥有所有权。这引出了一个问题：良好的地方所有权的先决条件是什么，以及这些条件如何满足？

在达卡都市发展规划案例中，地方所有权明显存在缺失。于是评估人员指出，一个国家需要满足三大先决条件，才能被认为是为保证 SEA 的有效实施做好了充足的准备：需要充分的培训和才能，以理解 SEA 概念；需要有激励机制，对 SEA 结果和建议进行考量；需要有足够能力，允许 SEA 在政策和部门改革中发挥充分的整合作用。这些先决条件是一些缺乏活力的伙伴国难以达到的，尽管这些国家向捐助方和多边机构提供了能力建设援助的目标方向，以及对 SEA 是否是实现环境主流化发展目标的最有效途径的判定。

部门所有权是政策战略环境评价有效性的最关键条件。例如，塞拉利昂的 SESA 试点项目是由环境与林业国家委员会（NACEF）下设的一个跨部门委员会领导的。由于把 SESA 交给 NACEF 的这项决定来自总统办公室，矿业部门对该项目 SESA 的所有权被进一步削弱了。与此不同的是，WAMSSA 项目也被某个委员会控制，但该委员会的成员来自矿业国家管理局和区域一体化机构的部门代表。这样的设置，极大地促进了西非矿业部门为 WAMSSA 的进程和建议提供更多支持。例如，2009 年 12 月 3 日在瓦加杜古举行的会议上，WAMSSA 中多方利益相关者参与的过程被作为社会责任机制纳入西非矿业治理方案，以支持西非的矿业改革。

达卡试点的另一个案例则展现出在政策战略环境评价过程中指定合适的“权利所有人”的重要性。在该试点中，评估者称首都发展局对 SEA 小组展现出的不愿意全面合作的态度导致 SEA 的评估过程的改变，使其从原本以评价影响为核心转到以评价规划体制为重点。评估者还认为，世界银行在这个阶段未能在当地找到一个新的对应机构，是整个政策战略环境评价过程中的主要问题。在 SEA 过程中，对政策支持者的预先确定十分重要，这些支持者应是SEA过程中的"权利所有人"，他们承诺并有能力把SEA的过程和形成的建议纳入政策制定中，也有承担采纳建议并将其付诸实践的义务。

由于政策战略环境评价这一方法最近才被概念化，在推广获益与更广泛的目标之间，世界银行需要采取比较谨慎的方式来权衡其中的利弊。世界银行正处在一个两难的阶段，它希望提倡这一方法，又不希望因为敦促太急而疏远了合作伙伴。政策战略环境评价的好处不会立该显现，所以更需要谨慎推广，使成员国在长期运用这个新理念的过程中积累经验（见第四章）。

最后，所有权的问题也存在于世界银行内部。试点中，这种情况是通过衔接SEA与世界银行介入活动来解决的。这种衔接已被证明是在中期把环境因素成功主流化的关键因素。但是持续的成功需要相关工作人员熟悉SEA的预期成效，并随时采纳SEA过程中提出的建议。

二、机遇

机遇这个概念是政策战略环境评价的基础，它能够为有效的政策干预提供切入点。

预测机遇的出现十分困难，且机会本身也稍纵即逝。塞拉利昂SESA试点中就有一个很好的例子，试点开展恰逢全球对矿产资源的需求强烈、外国投资者对矿业有浓厚兴趣的时期，从长期的贫困和内乱中摆脱出来的塞拉利昂政府意识到，这是一个难得的发展机遇，政府貌似对矿业部门的改革充满了热情。但这种情况并没有持续很久，新政府在SESA项目完成后不久上台，把对农业投资的优先次序列于矿业改革之前。此外，这种来自政府高层的变更又与2008年开始的世界经济急剧下滑同时发生。

至少机遇问题在最初的设计阶段得到了塞拉利昂SESA项目组的考虑。但在湖北路网规划试点中，SEA团队甚至没有去谋求，因此也没有从利用机遇中受益。达卡都市发展规划则体现出另一个问题，评估者认为，其对应机构并不是最合适领导当地政策战略环境评价的机构，其狭窄且不恰当的授权导致了机遇难以出现。

总之，正确地把握住机遇，这显然是确保政策战略环境评价目标实现的重要因素，尽管预测机遇的出现十分困难。达卡案例的评估者提出一个观点，可以把政策战略环境评价看做是多阶段过程。一旦识别出机遇来临，立即开始一个初始的制度分析，用来简要概览最主要的制度环境。这一工作可以分辨出，具备承担 SEA 过程中的所有权以及采纳评估建议能力的合作伙伴，也可以确保政策战略环境评价的目标能在机遇之内实现。

三、政治经济和权力精英

大多数文献资料表明，在影响 SEA 的因素中，强大的公共机构是促进因素而非限制因素。就整体而言，这是一个恰当的结论，尤其当体制强化指的是建设对提高社会责任制和政策学习有帮助的支持群体的时候。但需要提醒的是，有时候公共机构也会对 SEA 产生制约作用，特别是当用来保护权力精英和为寻租提供庇护的时候。

试点研究表明，采用 SEA 方式使环境问题在政策和部门改革处于主流地位的做法，实际上是在体制和专业领域上的态度和文化的根本转变。这种转变势必会导致政府内部权力关系的结构性变化。在保守的政府组织中，这类彻底的改革会受到很大的阻力。

一些来自试点的例子表明，公共机构中的组织文化是如何限制政策战略环境评价成果实现的。在湖北路网规划案例中，政策战略环境评价遇到了来自法律方面的阻力，该法律条文原本是为中国规划环境影响评价（plan EIA）制定的。评估者认为这些法律过程过于严格，并且在与其相应的体制下，不一定能支持政策战略环境评价所寻求的灵活性和包容性。为加强省道计划中社会和环境管理，SEA 团队进行了体制分析并制订了行动计划，但据评估者称，这些提议在研讨会上提供给利益相关方讨论时，受到了来自 HPCD 的阻力。以下来自湖北试点评估团队的引文描述了当时的具体情况：“SEA 团队关于加强制度建设的最终提案得到了三个重要的利益相关团体的赞赏，但却没有得到湖北省交通厅领导的充分认可。而湖北省交通厅对正式发放 SEA 报告有所犹豫，该制度提案是一个重要的原因”

（Dusik & Jian，2010）。

Ahmed 和 Sanchez-Triana（2008）讨论了对待权力精英的相关问题，他们指出精英利益集团坚持维持现状，给制度改革造成了困难。在西非 WAMSSA 的试点中，SEA 团队开展广泛的咨询活动，为利比里亚、几内亚和塞拉利昂在矿业政策方面的区域和谐发展提供了强有力的论据。正如评估者所说，大多数利益相关方都支持区域协调发展这一概念，但持反对态度的少数利益相关方可能更加强势（Annandale，2010）。精英利益集团认为区域主义发展对他们不利，因为集群发展和区域一体化进程，往往会带来更透明的管理模式，威胁其现有的自主特权。

在达卡的 SEA 试点中，出于权力精英与达卡首都发展局间私人关系的非正式力量限制了 SEA 的影响。显而易见，当局与私人开发商之间的紧密联系，会弱化其对制度改革提出建议的责任和关注。

WAMSSA 案例中提出的多方利益相关者框架最为耐人寻味，该框架对权力精英形成了一定的挑战（见图 2.1）。一旦 WAMGP 施行了该框架，它将在现有的国家和区域性制度之外，形成长期的支持群体培养过程。这一过程比政府变革更持久、更有力。此外，如果该框架的实施能与长期项目贷款联系起来，那么它将具有更大的影响力。

总之，如何转变组织机构的文化，引导部门改革背景下的当前政治经济是主要的挑战，这个过程需要高度的敏感度、长期的介入以及大量的政治技巧。此外，还需要有能力推进有包容性的政策对话。在许多国家都存在不透明决策制度的情况下，这种对话会间接地挑战这种不透明性。但令人遗憾的是，这些技巧和能力不常呈现在 SEA 团队中。

四、非正式机构和习惯性制度的重要性

在 SEA 试点中，人们对正式制度（如法律法规）和组织（政府部门机关、非政府组织和民间社会团体等）的作用给予了很多关注。虽然有一些例外，但政府部门一般是政策战略环境评价的对应方，咨询过程往往要邀请政府官员、知名的民间社会团体和私人部门的代表。这种对正式组织的重视是可以理解的，

因为世界银行的职权范围是直接与各国政府合作，并且这种做法一直是过去进行 SEA 的自然倾向。但是，一些评估，尤其是在非洲三个试点的评估表明，非正式的组织、制度对政策的发展、实施和改革有重要影响。

例如，塞拉利昂试点评估表明，SESA 对于正式机构、制度的过分重视导致“对在当地日常实际发生的事件，没能给予相应的关注”（Albarracin Jordan，2009）。评估者指出，在塞拉利昂的殖民统治之前，当地政治体制是传统的世袭制，由“大酋长”控制。在殖民时期，这种酋长统治与殖民体系并存，而现今它继续在许多非洲国家，包括项目实施的这三个国家日常政治生活中发挥巨大的影响。这种酋长制下的管理体制盛行着保守主义，例如，公共咨询需要收费且并不完全开放，以及在谁能参与咨询的问题上，酋长掌握着相当的话语权。显然，这种情况将影响 SEA 的能力，阻碍其在鼓励培养支持群体、提高社会责任制方面的作用。

虽然试点中提及了这种非正式的社会组织系统，但却没有充分涉及这方面的内容。马拉维快速 SESA 项目的评估者表示，他们没有足够重视或分析非正式制度和传统领导人及信仰体系的作用。但很明显，如果没有考虑非正式制度的影响力，政策改革的成效将大打折扣。

五、能力

在发展中国家中，环境政策整合能力的不足是 SEA 有效性发挥最明显的制约因素。这是一个长期存在的问题，也不断被国际合作组织强调。《巴黎有效援助宣言》表明，通过协助成员国进行能力建设，发挥国家的领导作用，从而促进国家发展战略体系的建立。对政策层面的 SEA，民间社会团体和媒体也需要进行能力建设。

然而，SEA 团队和援助机构内部的能力建设问题却往往被忽略。虽然在许多试点项目中，在非常困难的条件下咨询团队依然表现出了极强的坚韧，但是迄今为止的分析已表明，依然有部分团队缺乏相应技能去了解其工作背景。例如，在达卡都市规划试点中，由于认为其对政治影响力有限，SEA 团队没有把在贫民区和非正式居住区的居民作为重要利益相关方，尽管这些居民占达卡总人口的比例高达30%～40%。因此，该群体在咨询过程中也没有被很好地考虑进来。

人们认识到，这些问题有时是由时间紧张、预算不足、参考条款不清引起的。但与此同时，似乎也应更多地考虑咨询团队的人员组成，以及他们在进行政策和部门改革的SEA之前所做的准备工作等问题。

SEA咨询以在项目EIA中富有经验的人员和组织为骨干，通常为环保专业人士、工程师和技术专家。虽然政策战略环境评价需要EIA中的一些技能，但也需要借鉴其他新的学科包括政治经济学、人类学、社会学和政治学，用以理解决策制定、政治经济和制度分析等复杂过程。援助方也可以向政策分析顾问寻求对政策战略环境评价项目的总体管理方案。

六、保持环境和社会主流化的持续过程

在试点项目中，参与者强烈的、不断重复的是，政策战略环境评价过程应该在某种意义上连续。大多数SEA中体现的“一次性”被认为限制了其目标和成果的实现。以下两个不同政策战略环境评价试点的评估报告，有力地支持了这个论点：

- 理想情况下，SEA专家的介入活动不应只局限于书写评价报告，还应该涵盖与评价结果和建议有关的交流和对话活动，最好也涉及一些其他类型的后续活动（Slunge & Ekbom，2010）。
- SEA过程中的许多参与者（评估团队、公共机构及民间社会团体代表）表示，单一研究或少数几个研讨会不足以解决紧要的问题。他们认为，要解决达卡都市发展中的环境问题，需要一个长远的解决策略（Axelsson，Cashmore and Sandstrom，2009）。

另一些回答相当直接。例如，SEA专家的工作应该包括交流和传播评价报告的结果和建议。在某些情况下，评估团队可以继续停留以组织后续活动，如监督利益相关方对行动计划的执行。SEA结果的传播会使援助方更加积极主动。正如世界银行（2005）所讨论的，世界银行可以通过提供评估项目的标准

信息以及政策注解或长期项目贷款，帮助成员国家从一种管理模式向另一种转变。

解决连续性缺乏问题的更多反应取决于政策战略环境评价的实施过程，例如，是否由伙伴国政府所驱动，所有权是否为合适的参与国所有。该政策支持者必须承诺，对 SEA 过程所传达出的建议履行相应的义务。WAMSSA 试点为西非矿产管理项目提出的多方利益相关者框架具有非常积极的意义，但其成果的实现，仍然需要得到多国政府和区域组织高层的承诺。

WAMSSA 框架的例子表明，协商制度能协助建立具有半永久性的环境支持群体，可以提高社会责任和社会学习。一个类似的来自发达国家的近期案例，澳大利亚资源评估委员会（RAC）成立于 20 世纪 90 年代初，作为政府同盟者用于对资源开发型项目（如纸浆厂）中激烈的冲突做出回应。RAC 被澳大利亚政府视作信息筛选机构。该委员会通过对评估阶段的大量输入数据进行过滤，得到非政治化的信息和科学的数据。在土地问题的争论中，这些信息数据被试图用于协调迄今不可调和的利益集团对开发与环境问题的不同看法。该委员会由议会的一项法案支持，按政府总理的要求去承担高层次的资源评估。通常是一些公正的法官以及林业、渔业、沿海管理和矿业方面的相关人士被任命为公众咨询委员。虽然，资源评估委员会的精细程度并不适合大多数发展中国家，但长期的政治授权和开放的咨询过程在一些发展中国家是有可能实现的。

第三节　完善政策战略环境评价概念模型

基于本章的论述，政策战略环境评价概念模型可以在附录 B 原模型的基础上得到完善。为了对涵盖 SEA 成果和背景影响因素两方面的变化做出相应的调整，现讨论如下。

一、成果

上文的分析可以表明，在图 1.2 中的“政策战略环境评价过程的结果”文框经过调整后应如图 2.2 所示。政策战略环境评价过程所体现的成果现在被重新定义为：提高环境的优先关注度、强化支持群体、提高社会责任以及支持政策学习。其中，政策学习代替了原本的社会学习。通过这些成果，SEA 能够在以下方面对政策进程产生影响：强化政策能力、拓宽政策视野以及完善决策体制。预期的 SEA 长期影响是：有更好的决策机制，把环境和社会因素纳入政策制定和实施的过程中。

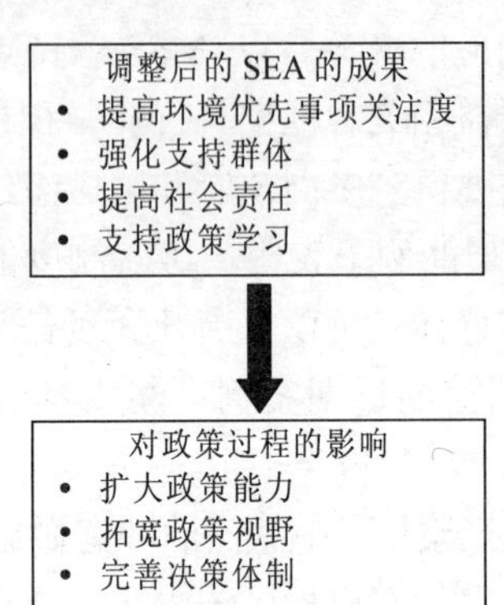

图 2.2　政策战略环境评价的成果和影响

来源：作者。

二、背景影响因素

上文的分析可以表明，在图 1.2 中的"背景影响因素"文框经过调整后应如专栏 2.1 所示。

专栏 2.1　背景影响因素

- 所有权
- 机遇
- 政治精英和政治经济
- 对非正式制度的考量
- 保持连续的过程

从对试点案例的分析可以看出，在这一改进中最重要的制约因素是：获得 SEA 所有权的方式；SEA 参与者把握机遇的能力；对由保守的组织文化和其他权力精英所导致的变化的抵抗能力；非正式制度的作用；各种对保持环境和社会主流化持续过程不利的因素。同时，需要认识到，政策层面的SEA只是在环境社会主流中一个离散的事件。

三、完善后的政策战略环境评价模型

考虑到这些修改，图2.3给出了新的政策战略环境评价模型，包括改进后的过程成果和背景影响因素。图的右侧文框总结了本章所进行的讨论和评估结果，涉及政策战略环境评价背景因素的过程成果以及SEA对政策影响的潜力。而左侧文框的内容将在第三章进行讨论，主要目的是为在政策和部门改革中更好地理解SEA的意图提供指导。

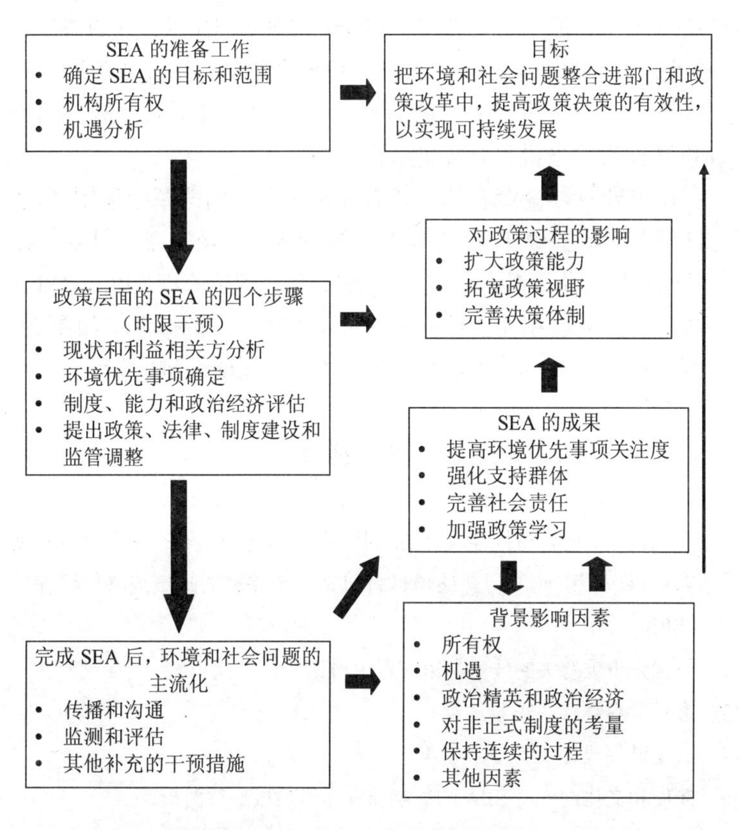

图2.3 改善后的SEA概念模型的过程步骤、成果和目标

来源：作者。

第四节　结论

本章对六个评估试点进行了比较，分析显示预期成果中关于提高环境的优先关注度、强化支持者作用、完善社会责任制以及加强政策学习等的实现因案例而异。这种差异主要是因为不同背景因素的影响，如所有权、机遇、权力精英和政治经济、对非正式制度的考虑和持久的连续过程等。

在这里，不太可能对其影响做太多的判断。也就是说，应用在政策和部门改革领域的 SEA 对试点案例施加的影响仅仅是所有影响中的一种，正如 Carden（2009）恰如其分的说法："政策制定中的因果联系，不可避免地会纠缠在国家政策过程的博弈之中，对透明民主的政府来说是如此，对不那么透明的独裁和寡头政治来说也是如此。"

本书建议，决策者和实践者在政策和部门改革中运用 SEA 方法时，应选择修正后的 SEA 的概念模型。第三章将针对"政策战略环境评价准备工作""政策战略环境评价流程"以及"SEA 完成后维持环境和社会长期主流地位"中遇到的问题（如图 2.3 左侧文框所示），向参与者提供具体的、循序渐进的指导。

注　释

1　在准备本书时，马拉维政府要求世界银行帮助准备一个矿业技术援助项目以改革矿业部门。该项目将包括一个完整的政策战略环境评价（SESA）。

2　与优先事项有关的技术在第三章中讨论。

3　参见世界银行（2009）。

4　参见世界银行（2005，47-49）。

5　制度和文化约束对 SEA 的影响将在本章后段进行剖析。

6　该评估框架认为，如果社会责任的举措结合了国家内部责任机制，往往是最有效的，也就是说，责任会被制度化并被民间社会团体、国家或者混合机构系统地实施（见附录 B）。

7　这一点将在本章后段进行更全面的解释。

8 强化政策能力、拓宽政策视野以及修改决策制度的分类是基于一个由国际发展研究中心（IDRC）资助的为期五年的研究（2001—2005 年），该研究分析了来自 IDRC 的支持如何影响发展中国家的公共政策。其结果为 IDRC 对之后研究项目如何设计和评估带来了影响。参见卡登（2009）。

参考文献

[1] Ahmed，K.，and E Sanchez-Triana，eds. 2008. Strategic Environmental Assessment for Policies：An Instrument for Good Governance. Washington，DC：World Bank.

[2] Albarracin-Jordan，J. 2009. "Evalution of the World Bank's Pilot Program in Institution-Centered SEA：The Sierra Leone Mining Sector Reform Strategic Environmental and Social Assessment（SESA)." Unpublished report，World Bank，Washington DC.

[3] Annandale，D. 2010. "Evaluation of the World Bank's Pilot Program on Institution- Centered SEA：The West Africa Minerals Sector Strategic Assessment（WAMSSA)." Unpublished report，World Bank，Washington DC.

[4] Axelsson，A.，M.Cashmore，and U. Sandstrom. 2008. "Evaluation of the Dhaka Metropolitan Development Plan Strategic Environmental Assessment." Unpublished report，Swedish EIA Centre，Department of Urban and Rural Development，Swedish University of Agricultural Sciences，Uppsala.

[5] Brown，A. L.，and D. Tomerini. 2009. "Environmental Mainstreaming on the Developing Countries." Proceedings of the International Association of Impact Assessment Meeting. Accra，Ghana. http://www.iaia.org.

[6] Carden，F. 2009. Knowledge to Policy：Making the Most of Development Research. Ottawa：International Research Centre.

[7] Dalal-Dlayton，B.，and S. Bass. 2009. The Challenges of Environmental Mainstreaming: Experience of Integrating Environment into Development Institutions and Decisions，Environment Governance 3. London：International Institute for Environment and Development.

[8] Dusik，J.，and Y. Jian. 2010. “Evaluation of the World Bank's Pilot Program in Institution-Centered SEA：Strategic Environmental Assessment for Hubei Network Plan（2002-2020）.” Unpublished report，World Bank，Washington，DC.

[9] Huber，George P. 1991. “Organizational Learning：The Contributing Processes and the Literatures.” Organizational Science 2（1）：88-115.

[10] OECD（Organization for Economic Co-operation and Development）. 2005. Paris Declaration on Aid Effectiveness. http://www.oecd.org/dataoecd/11/41/34 428 351.pdf.

[11] Slunge，D.，and A. Ekborn. 2010. “Evaluation of the Rapid Integrated Strategic Environmental and Social Assessment of Malawi Mineral Sector Reform.” Unpublished Report，Environmental Economic Unit，Department of Economic University of Gothenburg，Sweden.

[12] World Bank. 2005. “Integrating Environmental Considerations in Policy Formulation Lessons from Policy-Based SEA Experience.” Report 32783，World Bank，Washington，DC.

[13] World Bank. 2009. “Malawi Mineral Sector Review：Source of Economic Growth and Development.”Report 50160-MW，World Bank，Washington，DC.

[14] World Bank. 2010. “West Africa Mineral Sector Strategic Assessment（WAMSSA）：Environmental and Social Strategic Assessment for the Development of the Mineral Sector in the Mano River Union.” Report 53738-AFR，World Bank，Washington，DC.

第三章 政策发展和部门改革中的战略环境评价应用指南

政策和部门改革的战略环境评价（SEA）目标的达成，需要借助某些方法论的实施。比较有代表性的一系列程序将在下文呈现。需要强调的是，由于 SEA 的最终目标是影响政策和推动制度改革，所以政策层面的战略环境评价方法不是一成不变的僵化公式。第二章已阐明，战略环境评价的成功与否取决于它所处的背景。也就是说，为了达到 SEA 的目标，所应用的程序或工具都应与相当具体的制度背景、切入点和驱动因素相匹配。

然而，将环境研究纳入政策和部门改革过程的基本步骤还是有据可依的。这种综合研究对于试点项目和评估非常重要，它有助于分析不同案例的结果，并为以后的项目提供参照。试点项目积累的经验证明，政策战略环境评价的程序应包括三个步骤：a. 准备工作，b. 实施，c. SEA 完成后的环境和社会主流化。

第一节 政策战略环境评价的准备工作

在政策战略环境评价工作开始之前，有必要了解其发生的背景。为确保特定政策战略环境评价的目的和意图得到主要利益相关方的理解，需要提前咨询很多信息。其中，最重要的是评价目的（问题、方案或待解决的问题）、评价范围、机构所有权和评价的有利时机。

一、确定 SEA 的目的和范围

有很多因素可以影响 SEA 在特定背景下的应用，其中包括不同的利益相关方对评价目的的看法。清楚地了解这些观点是SEA 成功的关键。此外，另有一些需要在 SEA 之前明确的重要问题如下：

- ➢ 亟待解决的具体政策或部门改革是什么？
- ➢ 是否有一些正在着手的介入措施，需要通过 SEA 过程予以影响？
- ➢ 为什么应用 SEA 方法？
- ➢ SEA 的预期成果是什么？这一成果是否取决于特定利益群体的看法？

在 SEA 的准备阶段，界定评价范围也很重要。政策战略环境评价没有模板可参照，不同背景下时间和资源的投入量差别巨大。例如，在马拉维政策战略环境评价项目中，快速政策战略环境评价更符合当地现状（专栏 3.1），该方法只需要一个专家 4～5 周的时间。但必须特别说明的是，政策和部门改革的 SEA 的主要结果和好处通常不太能通过快速评价实现。所以，该方法只适用于没有替代方案的情况。一般原则也是马拉维试点项目中的原则是：在快速 SEA 之后再进行一次全面、完整的 SEA。重点是要所有的利益相关方都知晓 SEA 所选择的范围和预期成果。

专栏 3.1　快速政策战略环境评价

目标　快速政策战略环境评价的目标，是要将环境和社会问题纳入改革议案中，使主要利益相关方参与最早的政策对话。

程序　快速政策战略环境评价的重点是评估现行的法律、法规、实践准则，以及待改革的、与环境社会管理有关的部门制度。对利益相关方进行分析和咨询，是为了使主要的支持群体参与到部门改革所需的政策对话中。

预期成果　预期成果有两个：第一，部门改革政策对话的“溢出效应”，即利益相关方对影响该部门的主要环境和社会管理问题的意识得到提高；第二，部门改革制定过程中对环境和社会行动的构思，包括完整的 SEA 的实施计划。

来源：Loayza 和 Albarracin-Jordan（2010）。

二、机构所有权

如第二章所述，为SEA过程确定一个合适的所有者至关重要。缺乏积极性的领导机构可能会拖慢整个发展进程。因此，甄别一个领导机构是否具有掌控SEA过程能力、提出合理建议的能力和动力，需要前期的制度分析作为手段。早期阶段确定所有权取决于既定合伙人/政策拥护者是否具备以下条件：足够的能力和充分的培训以了解 SEA 的概念和政策战略环境评价的特性；斟酌结果和提出建议的激励机制；将政策环境评价融入政策制定过程的能力。一般来说，由规划机构而非环保机构行使所有权，更有益于SEA的有效性，而后者应通过部际咨询或指导委员会的形式参与其中。专栏 3.2 是利比里亚弱势林业部的案例研究。结果表明，建立多部门合作制是应对此案的最佳方法。

专栏 3.2　责任部门弱势时多部门所有权 SEA 的必要性

战乱后的利比里亚视自然资源为国民经济发展的助跑器。林业部（历史上由商业性林业主导）在利比里亚发挥着重要的经济职能。由于林业部与武装冲突相互牵连，联合国安理会于 2003 年决定，对利比里亚的木材出口进行为期三年的制裁。利比里亚政府利用处分期进行林业实践活动改革，为恢复法治铺平了道路。林业部改革包括：制定新的森林政策、修订森林立法、设置产销监管链系统以管理所有的商业和木材出口记录。改革证明，森林的经济和环境价值远超出其商业价值。因此，利比里亚政府于 2006 年颁布了一项新的国家林业改革法，又于第二年出台了一项森林战略。2007 年，世界银行开始参与到利比里亚改革中。作为参与行动的一部分，世界银行为林业部的SEA提供了财政支持，主要用来发掘社群林业土地权利的发展道路，并对 2006 年国家林业改革法实施过程和效果进行评价。

林业开发局是 SEA 团队的主要对口机构。但与社群林业土地权利相关的主要社会问题、环境问题以及森林战略等，往往需要其他部门的制度和能力援助，如采矿业、农业和规划部门。SEA 工作组成员来自林业开发局和环境保护局，但为了强化所有权、改革承诺和能力发展，SEA 工作组的核心成员通常由其他各机构的代表补充，这些机构包括：主席办公室、农业和林业委员会、规划和经济事务部、国土资源部、矿业部、能源部、内务部及国家投资委员会。更多部门的参与加强了信息共享和意识的提高，但为联合多部委行动、满足多方制度和能力需求增加了难度。此项经验表明，在议题跨部门，而部门机构对其他相关部委的影响有限时，需要创建多部门领导体制或SEA的对口机构。

来源：Diji Chandrasekharan Behr，个人交流。

随着SEA的展开，新角色和责任往往在评价过程中出现。一个强大的领导者要对该过程进行捕捉和追踪，确保弱势部门机构不被监管俘获和寻租行为影响，因为这些行为通常伴随着利益冲突。防止此类问题产生的方法包括：建立诸如西非矿产部门战略评价（WAMSSA）试点中使用的多利益相关方体系框架。借以精心设计的制度支持，SEA能够协调多方利益（因为政策战略环境评价的优先事项由利益相关方选定，讨论见下文），并且能通过加强透明度和社会责任制来应对监管俘获（因为法律、管理和能力差距评估已被公示）。同时，SEA能解决政策支持者的相关问题：如果合作伙伴不具备处理战略决策中环境和社会问题的经验，就需要加强关于政策战略环境评价的启蒙式教育、优势宣传和培训工作。除非了解到政策战略环境评价的可靠性，才能防止其评价结果和影响对政策过程的贡献受到约束。

对于开发合作机构来说，在政策战略环境评价早期阶段就对其预期成果和建议充分理解很重要，能促进政策战略环境评价更广泛地应用于相关的机构中。因此，良好的内部沟通、能力建设和协作机制，是SEA在政策和部门改革中发挥有效性的关键所在。

三、时机评估

在SEA早期阶段，另一个需要考虑的是对时机的评估。如第二章所述，时机是难以预料的。它们会突然浮现而又转瞬即逝。然而，某些情况似乎正适于部门改革的SEA，如下所列：

- 政府更迭，新政府思维开放并把环境问题纳入发展政策。
- 政府的发展战略给某些特定部门列为优先发展对象，通常会导致相同行业的政策和部门改革。此类部门对环境和自然资源有潜在的巨大影响，诸如对于矿业和林业，强烈推荐用 SEA 来提升改革的可持续性。

- 政府决定对特定部门进行改革，以应对经济或政治压力。
- 经济状况根本上得到改变，为改善环境创造有利条件。例如：油价急剧上涨促成了可再生能源技术的引进，或者经济刺激计划带来了绿色就业。
- 为某些商品改变市场条件，推动监管改革。
- 国内冲突得到解决，产生新的发展意愿。
- 民间社会组织被给予更多参与和倡导的自由。

第二节 SEA 在政策和部门改革中的实施

如图 2.3 所示，SEA 在政策和部门改革中的实施大致包括以下步骤：a．现状评估和利益相关方分析；b．环境优先事项设置；c．制度、能力和政治经济评估；d．政策、法律、制度、监管及能力建议的形成。图 3.1 列出了这些步骤并指出，多方对话是整个过程中常用的“试金石”。此外，SEA 通过离散的政策干预对政策的制定和实施产生影响。理想情况下，SEA 过程应被纳入政策制定过程中。

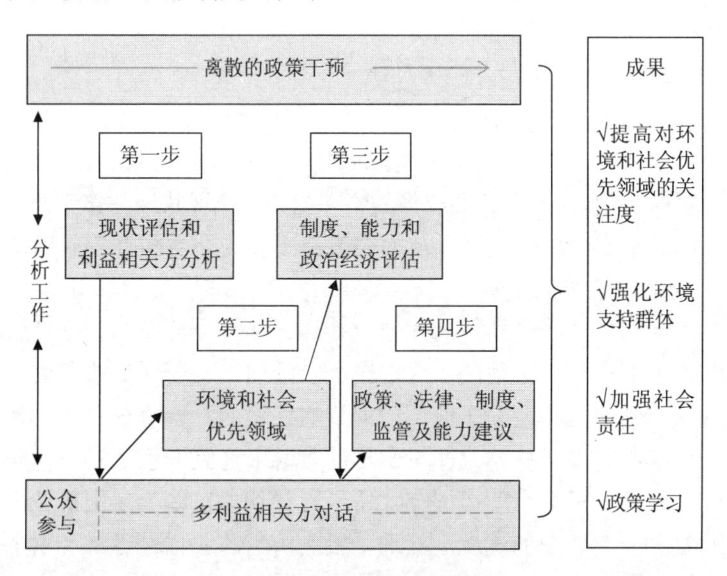

图 3.1 政策战略环境评价程序

这些步骤不一定要按部就班地进行。例如，有时 SEA 会以密集的利益相关方对话作为开始，以了解现状、利益相关方及政治经济分析的手段。或者，环境优先事项设置与制度分析会同时进行。例如，在西非矿业部门的战略评价国家研讨会中，利益相关方把优先事项的选择与解决这些优先事项的促进因素和限制因素结合起来讨论。这就是说，SEA 过程中没有唯一"正确"的方式，重点是上述的四个步骤都得以进行。

本章下文对每一步骤都进行了简要概述，将其目标、应循程序和预期成果都一一呈现。每一步骤的具体方法的细节见附录 C。

一、现状评估和利益相关方分析

SEA 需针对政策和部门改革所处的环境和社会现状预设一个可供参考的情景。该情景不仅要评价 SEA 关注的关键环境和社会问题（现状评估），也要评价 SEA 过程中涉及的重要角色（利益相关方分析）。

1. 现状评估

政策战略环境评价通常从正在影响部门改革的关键环境和社会问题着手进行评估。

（1）目标

现状评估的目标是说明一些主要的环境和社会问题在某个区域或某个相关部门中盛行的原因，以帮助利益相关方对优先事项的审议。大多数的政策战略环境评价把现状评估作为概览评价部门或地域的手段，从而突显出主要的环境和社会问题。

（2）程序

现状评估不需要同基线研究那样详尽，主要是基于现有资料和专家意见。评估的深度取决于实际问题及受众期望获取的信息。例如，在西非矿业部门的战略评价中，现状分析集中在三个潜在的采矿业基础建设集群的概念上（见专栏 3.3）。由于该集群影响了至少两个国家，所以现状评估试图为多国矿业发展做出一个详细的案例。然而，案例所需的关键性经济和财务信息却无法获取。

专栏 3.3 塞拉利昂 SESA 和 WAMSSA 中现状评估的方法

塞拉利昂 SESA

塞拉利昂的采矿业可分为大型、小型和手工采矿业三类。战略环境和社会评价（SESA）中采用的现状评估包含了对该国社会经济和环境状况的概述，它是采矿业部门所处的大环境。之后，现状分析选取三个不同规模的子行业进行案例研究。这些工作有助于确定哪些环境和社会问题是最重要的。问题的列表被呈递到由该国四个区域共同参与的研讨会上进行讨论。研究表明，一系列看似无关的问题实际上与每个子部门都相互关联。

西非矿业部门战略评价（WAMSSA）

西非矿产管治项目意图帮助马诺河联盟各国（几内亚、利比里亚、塞拉利昂和科特迪瓦），利用他们大量未开采的矿产资源促进可持续发展。西非矿业部门战略评价应用了一种“采矿基础设施集群法”来评估“共同、重叠的环境、社会、经济和行业治理问题”（世界银行，2010）。用来确定这些集群的方法如下：

（1）底图（第 1 层）由各种信息构成，包括地质区、营业矿区、主要矿点以及潜在采矿项目的信息。

（2）绘制地质特征、基础设施、环境和社区特征（第 2 层）。

（3）确定非洲联盟和其他多边机构拟建的公路、铁路和电气工程（第 3 层）。

（4）将 1 ~ 3 层叠加找出潜在的集群，这些集群将为该地区可持续项目创造机会。

（5）以项目为基础，对比开发区域设施和完善基础设施的价格差异。但此项分析的范围和深度因信息不足而受到制约。

来源：Loayza 和 Albarracin-Jordan（2010）。

在一些案例中，现状评估被视为第二阶段，它承担的任务是进行一种与传统项目环境影响评价（EIA）类似的基线评价，但它要求更为详细、更关注基本的政治经济问题。肯尼亚森林法案 SEA 就采纳了这种方法。

需要指出的是，现状评估的目的是通过找出待改革部门或指定区域发展政策的主要环境和社会问题，来加强 SEA 的战略关注。

（3）试点中的现状评估案例

专栏 3.3 给出了两个选自西非 SEA 中现状评估的例子。

（4）预期成果

现状评估的预期成果，是对影响区域或待改革部门相关的关键环境和社会问题有更清晰的认识。这些问题通常在利益相关方选定政策战略环境评价优先事项所进行的讨论中出现。

2．利益相关方分析

对利益、关注和利益相关方权力基础的透彻理解，是 SEA 的基本要求，对政策战略环境评价尤其重要。

（1）目标

利益相关方分析的目的是，确定待改革部门中拥有环境或社会利益的关键群体，使他们参与到有意义的政策对话中来。这能帮助识别那些容易被忽略、相对弱势的利益相关方，帮助他们参与 SEA 的过程。因此，利益相关方分析对强化环境支持群体极为重要。

（2）程序

几乎所有的 SEA 的过程都涉及利益相关方分析。政策战略环境评价团队了解他们的关注点和他们支持或反对改革的能力，因此能将他们合理地纳入优先事项选择的过程中，也能使他们评价优先事项管理工作的缺失并验证 SEA 建议项的有效性。利益相关方分析的过程也是政治经济分析的过程（下文将讨论），因为其结果不但阐明了改革对政治力量和社会力量的影响，还揭示了团体和个人的潜在斗争和意见分歧。而这些恰好能帮助 SEA 甄选出与对立方谈判的策略。

利益相关方分析的四个主要特征是：利益相关方在部门中的位置及其对改革的态度；他们的影响力（权力）水平；他们对现状评估所举的关键问题的感兴趣程度；他们所属或相关的集团或联盟。这些特征可以通过信息搜集的方式获得，或者直接对国家专家或利益相关方进行采访。

利益相关方分析能确定该部门中主要的社会行动者，使其参与到 SEA 和优先事项的选择中。此外，影响利益相关方之间的关系网的历史、社会、政治、经济和文化因素也需要被剖析。这种剖析是必需的，对塞拉利昂、达卡和马拉维进行的试点来说尤为重要。利益相关方分析加深了对政策和部门改革中权力关系、人际网络及相关利益的认识。

（3）预期成果

利益相关方分析的主要预期成果是了解利益相关方的利益，分析阻碍利益相关方代表的主要因素，并提出政策战略环境评价的公众参与计划。这一计划应明确考虑如何使在环境议题上有分量的弱势群体（如妇女、年轻人、地方社群和穷人）参与到 SEA 中来。利益相关方分析是剖析政策区微型政治经济的重要手段，它有助于识别能参与决策的利益相关方，并为支持者的加入创造条件。

（4）试点中利益相关方案例

政策战略环境评价中两个试点案例给出了利益相关方的概况。第一个例子（见图 3.2）来自湖北路网规划试点的利益相关方分析。这个框图基于 Rietbergen-McCracken 和 Narayan（1998），根据世界银行提供的一套工作表绘制。

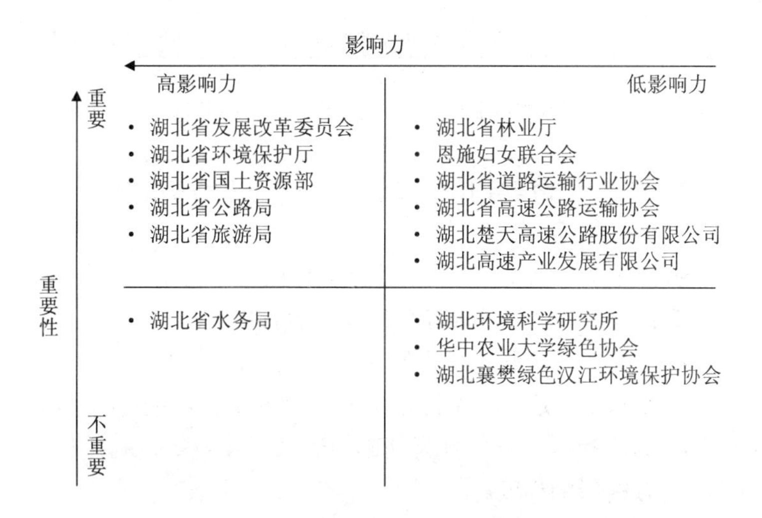

图 3.2　湖北路网规划战略环境评价主要利益相关方框图

来源：整理自世界银行（2009）。

第二个例子（见图 3.3）选自西非矿业部门战略评价试点，它列出了不同的利益相关方群体对区域矿业部门改革有关决策的影响和利益。垂直箭头表示措施改革的效果，水平箭头表示对不同团体持有决定的影响力。位于右下象限的团体反对改革，但权力较弱；位于左下象限的团体支持改革，但力量也有限；

位于左上象限的利益相关方有强大的影响力和能力左右改革。

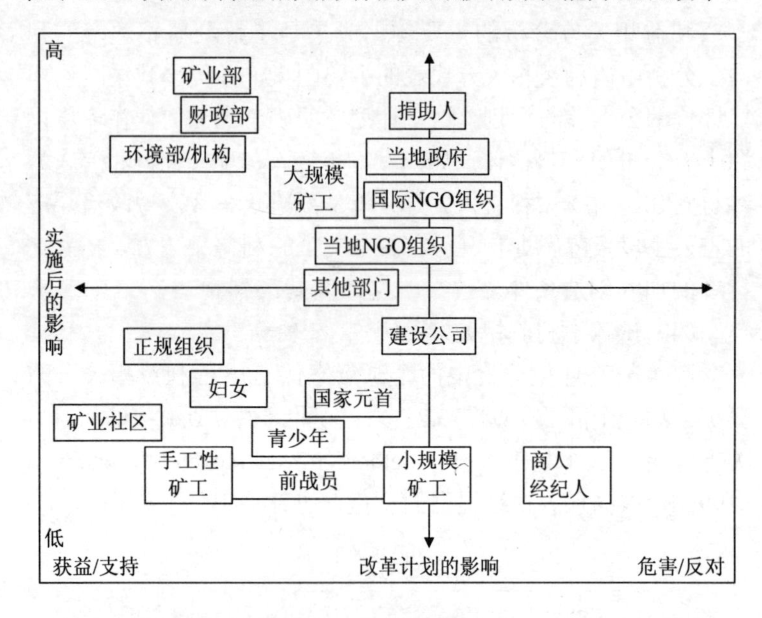

图 3.3　决策过程中利益相关方利益及影响：WAMSSA 试点项目

WAMSSA 矩阵给出了通过采访和专家观察确定的每个团体的一系列特性：

- 影响力：利益相关方促进或阻碍改革的力量、对采矿亚区域和以集群为基础的政策的设计能力。
- 利益：在集群矿产开发中，每个利益相关方对利益的感知水平，是从维持现状到积极改变的全过程的连续感知。
- 影响程度：以集群为基础的矿产开发对每个利益相关方的影响程度。
- 权力：在政策过程中利益相关方所具备的强制合规的权利水平。
- 资源：利益相关方在政策制定过程中掌控和应用资源水平。
- 合法性：每个相关方利益的合法程度，即要求利益相关方视彼此利益均适当的程度。

坐标网可以帮助 SEA 团队确定合适的应对策略（例如，让哪些利益相关方来磋商和权衡，用哪些资源和信息来支撑等）。

二、多利益相关方对话

多利益相关方对话不是独立的实施步骤，而是整个 SEA 过程的支撑。在项目环境影响评价以及其他 SEA 方法中，“参与”往往为离散的事件，其目的要么是取得信息，要么是寻求利益相关方支持某项重要决定。事实上，政策战略环境评价中的对话要尽可能在长时间内定期举行。

（1）目标

从第二章的分析及政策战略环境评价案例的文献可知，多利益相关方对话是政策战略环境评价有效的前提。如图 3.1 所示，多利益相关方对话主流化的目标，是使相关方参与到环境和社会优先事项的选择中，以丰富管理优先事项系统的差距评估、验证建议项并解决这些差距，进而使利益相关方参与后续监测和评价。因此，对话应贯穿于整个 SEA 实施过程。

（2）程序

多利益相关方对话为利益相关方，尤其是那些在决策时不受重视的弱势群体，提供了一种影响政策过程的机制。这意味着要建立某种制度框架来保护对话主动权。这同时也表明，构建多方对话具有文化敏感性。多方对话的方式不能千篇一律，而应该适应 SEA 所处的文化和政治背景。

SEA 对话中，要特别考虑如何将无组织的利益相关方纳入其中。这是西非矿业部门战略评价和塞拉利昂战略环境和社会评价遇到的问题。这两个试点项目中，个体采矿者被认为是重要的利益相关方群体，但由于他们没有参与团体组织而难以联系到。政策战略环境评价只有找到接触这些无组织的利益相关方的方法，才能真正有效。这项工作往往需要时间，同时也为参与者提出了新的问题：是否要在 SEA 开始前组织这些利益相关方？

（3）预期成果

多利益相关方对话的预期成果是能积极讨论与待改革部门相关的主要环境问题和社会议题。它向利益相关方，尤其是那些承受改革中环境和社会压力的弱势群体，开启了参与政策和改革的门户。没有强有力的多利益相关方对话，就无法满足 SEA 所需要的提高社会责任感和政策学习的前提条件。

（4）试点中多利益相关方对话案例

政策对话需要一个重点。支持者不应该把参与/对话论坛仅当成“说教”本身，否则利益相关方会很快失去耐心而放弃合作。图 3.4 给出的例子讲述了应用在 WAMSSA 中的利益相关方对话是如何建立的。

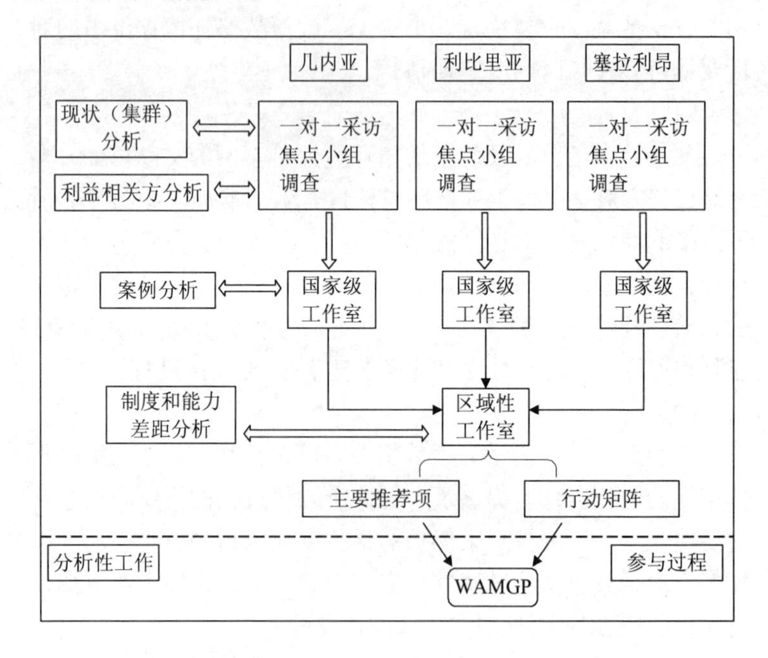

图 3.4　与利益相关方互动：WAMSSA 试点项目

来源：整理自 World Bank（2009）。

注：WAMGP——西非矿业管治项目。

图 3.4 显示了利益相关方是如何通过采访、核心小组、调查和研讨会，对现状分析、相关方分析、情景分析和制度分析进行录入的。需要特别关注的是图中虚线以下部分，它将持续的多利益相关方对话作为西非矿产治理项目发展的展示过程。在第二章讲过的后 WAMSSA 对话，是一个长期的多利益相关方实施框架。

SEA 多利益相关方对话的另一项重要任务是告知和影响决策者。早期让政策决策者介入政策对话能够强化其所有权意识，使他们愿意协助研究和对话的时间，识别政策过程中潜在的机遇，以共享初步的成果信息。同时，早期参与也引发他们对关注的领域形成一些初步看法。如第二章所述，试点项目中SEA指导委员会是政策制定者行使权力的主要机构，但是这种方法取得了不同程度的成功。

从肯尼亚森林法案SEA中收获的经验所知，要使决策者参与SEA，应采取以下办法：

- 概念草案和授权调查范围的研究成果应该共享。研究记录必须说明SEA是如何推动改革进程的。
- 安排会议来讨论投入和关键问题，如政策对话的情形，将信息纳入政策对话的机制和时间，SEA应协调的其他相关活动（在此之前的，进行中的，即将推出的），以及SEA过程中关键决策者的角色和参与。
- 把握机遇开展工作或根据部门规避制约是同等重要的。采取的方式与待改革部门的经济、社会、环境、政治、法律或政治经济背景有关（见专栏3.4）。

专栏3.4 林业部门改革优先背景下的SEA框架

在肯尼亚，SEA对林业部门改革委员会的工作做出了直接贡献。这一委员会是肯尼亚政府在环境和自然资源部的指导下建立的，由政府高级代表、林业代表、非政府组织、环保工作者、森林使用者和开发合作伙伴组成，并由环境和自然资源部的常务秘书主持，是推动改革进程的主要机构。

林业改革秘书处隶属林业部，服务于委员会。秘书处任务之一是为新森林法案制定实施方针，给出清晰的框架和预算资源要求。SEA团队由环境和自然资源部常务秘书授权，与林业改革秘书处进行协作。肯尼亚政府认识到，这些进程是相辅相成并互相促进的。环境与自然资源部及林业部也一致认为，SEA能进一步完善发展蓝图，并帮助确保捐助方支持改革进程。

来源：Behr和Loayza（2009）。

选择公众参与的方法时，应重视可能会被压制的弱势社会阶层呼声。若对当地群体进行咨询，则要求使用本土语言和本地传统方式，以便达成共识。拉斯班巴斯案例（见专栏3.5）为SEA在文化敏感地区的做法提供参考。

专栏 3.5　为跨文化对话和可持续发展改变关系：秘鲁拉斯班巴斯采矿业项目

安第斯地区的采矿业有社会环境冲突的遗留问题。阿普里马克部门，即拉斯班巴斯项目所属地，是秘鲁最贫困的一个地区。同时，这一区域也是 1980—1992 年受“光明之路”（秘鲁一个极“左”的毛派游击队组织）武装冲突影响最大的五个区域之一。当地有九个社区以克丘亚语为母语，位于拉斯班巴斯铜矿开采项目影响的区域内。项目开发商（Xstrata）为了改善同当地社群及其他利益相关方的关系，在项目基础上建立了区域对话。

对话的建设分三个阶段：a. 提高认识和分析诊断水平；b. 加强能力；c. 对话机制后续活动。

第一阶段包括一系列的研讨会和对当地社区进行采访，使用的语言是西班牙语和当地的克丘亚语，旨在收集当地参与者的文化信息，及他们对同其他利益相关方权力关系的看法。此外，为适应不同的文化背景，也为其他利益相关方群体举行了相似的研讨会和采访。分析表明，当地社区运用内部支持群体机制鼓励对话，即由当地权威、非血亲亲属或地位高的长者进行协调。完成这些促进对话和共识的做法后，项目开发商又实施了一种文化敏感性办法来协调议题，内容包括项目潜在的环境和社会影响。同时，还采用了论坛的方式来讨论当地的发展项目，并启用一种争端解决方式，确保个人和社群可以提交对矿业公司的正式投诉。

第二阶段致力于加强协商能力、社群组织、环境管治、人权、领导权和社会发展机会。预期成果包括强化当地支持群体，加强要求、实施和监督可持续发展的干预措施。

来源：Loayza 和 Albarracin-Jordan（2010）。

需要注意的是，不是所有政策对话的提议都能被政府公开接受，尤其在那些不鼓励挑战政府权威的地区。遇到这种情况，政策对话就需要在政府内部进行：首先扩充咨询涉及的机构数量，然后逐渐鼓励非政府利益相关方参与。

三、环境优先事项设置

政策对话早期把环境优先事项设为重点是非常有益的。优先事项设置是政策战略环境评价的关键环节，因为它向利益相关方开放了政策制定过程。有效的 SEA 优先事项，可以向利益相关方展示影响待改革部门的主要环境和社会问题，也能反映出利益相关方对某些议题的偏好。

（1）目标

优先事项设置的目的是请利益相关方对现状评价作出反应；提高对具体环境问题的关注；确定 SEA 的优先事项。政策战略环境评价的优先事项显示了利益相关方对特定改革方向的强烈需求。

（2）程序及试点中的例子

优先事项设置将分散的环境和社会问题进行集中，把它们变成支持群体和利益集团对政府干预的具体诉求。由于这个原因，在优先事项设置中，特别要保证收集到社会弱势群体的诉求。提高社会责任感的种子也是在这一步播下的。因此，考虑到政策和部门改革中的环境风险，优先事项设置对强化支持群体来说是很关键的。

专栏 3.6 提供了塞拉利昂政策战略环境评价试点中使用的排列环境优先事项的方法。

专栏 3.6　环境和社会优先事项的选择：塞拉利昂 SESA 排列方法

塞拉利昂采矿业 SESA 中，环境和社会优先事项的排列采用了横向和纵向分类。以参数赋值和偏好选项的方法对问题进行了交叉比较。这种方法旨在消除调查中潜在的偏见，确保弱势群体在序列中拥有相同的权重。横向排列的每项问题使用了五种维度。它们包括：a. 健康、生态和社会经济/文化风险；b. 受影响的人数；c. 政治意愿；d. 修复成本；e. 技术困难。最初，利益相关方被要求将这些信息按低—中—高三档排列。“低”得 3 分，“中”得 2 分，“高”得 1 分，最低分数则为潜在的优先事项。此外，纵向排列包括从 22—25（根据区域不同）的列表中选择 5 个利益相关方认为最重要的问题。每当一个问题进入某人列表的前五位时，即得到 1 分。潜在的优先事项是那些得分最高项。

进行横向和纵向交叉分析，是为了确定 SESA 的优先事项。五大跨区域优先事项是：a. 土地和农作物补偿及村庄搬迁；b. 卫生和水污染；c. 砍伐森林和土壤退化；d. 童工；e. 封闭后复垦。还有些问题与特定区域相关。区域优先事项包括：a. 矿井就业（南部地区）；b. 提供基础设施，特别是铺设道路和电力（南部地区）；c. 社群发展与参与（南部和西部地区）；d. 减轻爆破负面影响的管理规定（东部地区）。

来源：Loayza 和 Albarracin-Jordan（2010）。

（3）预期成果

优先事项设置的预期成果，包括对与待改革部门相关的环境问题和社会优先事项进行分级列表。它们代表了利益相关方认为会影响他们生活且需要解决的关键问题。优先事项设置的另一个预期成果是围绕这些主要问题，加强或建设支持群体。

四、制度、能力和政治经济评价

分析并加强制度和管理，是政策和部门改革中SEA的主要任务。强有力的机制能大力推进可持续发展，尤其是它所包含的三个基本功能——评估需求和问题、平衡利益以及实施解决方案（World Bank，2003）。

1．制度和能力评价

制度和能力评价的重点是考量现有环境管治系统处理SEA优先事项的能力。进行这种评价首先要有导则。利益集团为保护自身权益，可能会对政策改革实施影响。相关分析将在下一小节中论述。

（1）目标

制度和能力评价的目的，是对政策、制度、法律、法规和差距进行考量，以解决政策战略环境评价的环境和社会优先事项。

（2）程序

制度和能力评价包括以下主要步骤：第一步，对与环境社会优先事项管理有关的正式法律法规进行全面的回顾，进而评估相关政策、法律、规定未解决或未完全解决优先事项的原因。评估中需要考虑的内容包括：a．对环境和社会评价过程进行回顾，尤其注重监测和合规机制；b．能力评估，以遵守环境和社会规范，避免监管俘获；c．评估相关部委/部门/实体的准备工作（包括当地政府），以确定并管理环境和社会风险，维护受影响的弱势群体权益；d．评估现有处理环境破坏和社会混乱的低效系统；e．分析制度间的联系；f．分析弱势利益相关方的组织能力；g．评估国内社会团体/组织、媒体及其他机构在支持、促进、监管环境/社会保障措施中所发挥的作用。评估结果能找出影响环境和社会优先事项管理的政策、制度、法律、法规和能力的不足。

第二步，评价拟定的政策和部门改革对某种能力不足产生的效果。

第三步，评估利益相关方的潜在反应，识别解决这些缺口的困难，完成分析，并把评估交给利益相关方进行确认。

专栏 3.7 总结了塞拉利昂采矿业 SESA 中制度和能力评价的案例。

专栏 3.7　塞拉利昂采矿业 SESA 的制度、能力评价

现有政策未能有效解决塞拉利昂采矿业中的环境和社会优先事项，其原因如下：

- 矿业立法和各项规定缺乏明细化，需要具体问题具体分析；
- 各部委、中央、省和地方机关的环境、社会、经济责任不明；
- 缺少对公司和具体矿点的监管；
- 法律和法规的执行力较弱，导致执法不得不依靠自愿行为，并受到来自民间团体的压力。

该 SESA 的结论是，矿业改革可以解决一些不足，但除了采矿业部门本身，还需要调整其他的体制和管理。这些调整围绕着土地所有权问题和跨政府部门监督和实施的缺失，内容包括：

- 利益相关方（如负责人）间的权力不平等，此问题会因缺乏透明度和问责制度而被放大；
- 从农业社会的需求中演变出的特有关系，无法解决诸如采矿等暂时性的高风险环境的活动；
- 权力个体的存在，如中间商和贸易商，他们可以轻易利用开放的、不存在或不一致的谈判框架获利。

来源：Loayza 和 Albarracin-Jordan（2010）。

（3）预期成果

此步骤的预期成果是找出关键的政策、法律、法规、制度（正式的和非正式的）和能力剩余缺失。剩余缺失指 SEA 对政策或部门改革产生影响之后，仍存在尚未完善的内容。虽然识别、评价差距和剩余差距的工作通常由 SEA 团队进行，但使利益相关方参与分析不仅能改善评价，还能让他们了解事情的复杂性和决策的困境并加以权衡，提高其建设性影响政策的能力。因此，这一步骤的另一个预期成果是加强利益相关方对政策制定的贡献，提高受改革激发的挑战意识（Loayza and Albarracin-Jordan，2010）。

2．政治经济分析

良好的政治经济分析是政策战略环境评价的关键，因为它能提供有利的信息：谁能通过维持现状获益，谁在中短期内会因 SEA 建议的调整而遭受损失。政治经济分析能利用政治力量的博弈给出建议从而推进政策和部门的改革。

（1）目标

政治经济分析的主要目标是评估 SEA 的建议在政治上的可行性。这一评估考虑到了使政治参与者选择支持或抵制变革的激励方式和潜在利益。

（2）程序

政治经济分析的共同之处包括以下内容：

- 利益相关方分析；
- 政治背景分析（重点关注政治系统的主要特征因素，如国家形成的历史、殖民主义的影响、社会结构的作用、冲突的影响以及收益模式和租金分配）；
- 正式和非正式机构分析（重点关注政治竞争的本质和程度、权力分布、正式和非正式机构关系、民间社团参与政治的程度、媒体的作用及法治的重要地位）；
- 风险识别及管理（“输赢”分析、改革对不同利益相关方群体的相对影响、可能导致紧张和冲突的原因、抵制变革的程度）。

正如前文所述，政治经济分析的这些方面，应该集中于与环境社会优先事项管理相关的剩余差距。这一聚焦使分析更为可行。

（3）预期成果及试点中的例子

政治经济分析的结果对处理部门改革所面临的制约因素具有启发意义。例如，塞拉利昂 SESA 确定了两个政治经济问题——土地所有制度和采矿合同保密性——作为政府、产业、矿业社区三方关系成功的关键，而这一关系的成功建立反过来又推动了采矿业的可持续发展。事实上，负责人可以对集体所有的土地进行授予，就给弱势的利益相关方（他们通常是土地使用者，而非所有者）带来风险。不鼓励土地复垦，是因为国家给予矿权持有人获取土地的权利，而酋长的反对能力有限。结果就导致很多酋长学会了通过适应现有系统以换取短期补偿。战略环境和社会评价指出了这些问题，但并未给出建议解决方案。此外，土地所有制和负责人制是塞拉利昂的政治敏感问题。在这种情况下，SEA 很难撼动当地大酋长世袭的管理地位。虽然部门改革和 SEA 的目的是解决政治经济因素对可持续公平发展的限制，但必须承认，这也是政策战略环境评价需要提高的领域。

五、政策战略环境评价建议

SEA 目的是要影响政策和部门改革设计。这意味着，SEA 建议需要便于操作和实施。

（1）目标

政策战略环境评价实施过程中最后一步的目标是，针对政治、制度、法律、法规和能力建设提出建议，在制度和能力评价过程中，解决由确定的政治经济限制因素造成的缺失。

（2）应循步骤及试点中的案例

肯尼亚森林法案 SEA、塞拉利昂矿业部门改革战略环境和社会评价及西非矿业部门战略评价这三个政策战略环境评价试点，均使用了一种“政策行动矩阵法”来找出建议。下表给出了肯尼亚森林法案 SEA 政策行动矩阵的简况。

肯尼亚森林行动政策环境评价：政策行动矩阵概览

肯尼亚森林管理法律协调框架				
政策 / 行为	里程碑（包括以时间为基准的重大事件）	涉及的利益相关方名单	预期成果	状态
肯尼亚林务局（KFS）应建立一个内部工作组以引入符合国际标准的项目服务。该项目有利于提高依从性和积极性（例如，干旱地区的碳固定和防止外来物种入侵）	KFS 内部工作组于 2008 年 6 月成立	相关各方为 KFS、私人部门、NGO 组织、大学等	期待出台合格的国家森林管理标准和国际标准	待定

来源：World Bank（2007）。

肯尼亚政策行动矩阵包含了 SEA 支持肯尼亚森林法案实施的发现和建议。优先事项被划分到各个利益相关方，并付以不同的解决方法以解决对应的问题。同时，该矩阵还表明了其中的重大事项，以及涉及的利益相关方的清单。它使用全公开协商的方式，以达成行动时间节点和重大事项保持一致，这意味着矩阵中所列的政策行动得到了林业部门中广泛利益相关方的认可和优先考虑。

SEA 的推荐建议应在利益相关方中分享，并由他们验证。这一阶段的对话，可使大家对解决方针达成共识，并且是有效、可持续的。

（3）预期成果

预期成果是“经过验证的推荐建议和行动矩阵，包括评价短期、中期、长期改革进程的监测指标。利益相关方对推荐建议和行动矩阵的验证，能进一步强化支持群体。因为这一行为不仅能增强所有权，还能鼓励相关方参与后续工作和监测，从而最终提高决策者的责任感”（Loayza and Albarracin-Jordan，2010）。

第三节　政策战略环境评价完成后的环境和社会主流化

试点评估表明，要想实现环境和社会的主流化并使之成为一个长期持续的过程，需要来自 SEA 的干预措施。因此，最好的情况是预先在 SEA 过程中达成一致，确定 SEA 落实建议的负责人；至少，也要做到努力宣传和交流 SEA 的成果，并监督和评价这些成果。这两个步骤的目标、过程和预期成果将在下文进行讨论。

一、SEA 成果的宣传和交流

应当承认，对 SEA 成果的宣传和交流，并不是 SEA 从业者或政府赞助方所擅长的方面。这种传统使他们对 SEA 的支持仅限于 SEA 报告完成之前，却很少考虑到对成果的交流和宣传可能带来的好处。这是SEA的一个主要弱点，如果不加以解决，可能会严重损害SEA在政策和部门改革中的有效性。

（1）目标

众多试点评价表明：利益相关方会因为缺少来自SEA活动的反馈和后续安排，而变得沮丧。尽管这个问题很好解决，但忽视它可能会对SEA的合法性构成巨大威胁。因此，这项活动的主要目的，是尽可能广泛地宣传SEA项目的成果。

（2）后续过程

SEA在政策和部门改革中所涉及的范围应该包括SEA报告完成后的后续活动。这就要求咨询团队组织咨询活动，使利益相关方能够了解他们的意见是如何得到处理的。

SEA的成果交流在某些地区难以实现。例如，一些发展中国家存在缺乏媒体自由和通信基础设施较差等情况，可能会阻碍成果的推广。此类问题，或其他诸如资金不足等问题表明：交流策略会因管辖区、特定政治经济背景以及利益相关群体的利益和观点不同而产生差异。

开发政策战略环境评价交流战略的一般化模型包括以下步骤：

- 确定战略的总体目标；
- 细化每一个利益相关群体的目标；
- 拓展交流渠道，增加交流预算；
- 优化交流材料；
- 开展交流活动；
- 监督并评价交流战略的影响。

未经交流策略相关培训的SEA从业者在选择交流材料和渠道时，往往会忽略交流的最终目标或者不同利益相关群体的特殊需求。通常，他们更倾向于关注书面形式的宣传，而丢掉了同多方利益相关方的互动。书面形式宣传的主要缺点是受众有限，为了接触更多的利益相关方，应更注重非技术报告及非书面形式的宣传。

（3）预期成果

利益相关方可以利用高度灵活性和适应性的机制，来获得SEA的结果。完成SEA报告并递交给发展机构和国家合作伙件，仅仅是整个过程的一部分。可能的话，报告结果应该借助媒体的力量进行宣传和讨论。

二、SEA 环境主流化的监测和评价

在政策和部门改革过程中，SEA 只是达到环境和社会主流化的起始步骤。政策的形成是一个连续、动态的过程，因此，监测和评估应该更注重达到 SEA 预期功效的程度，包括提升环境优先关注度、加强环境支持群体作用、强化社会问责机制以及提高政策学习能力等，而不是对 SEA 项目建议的实施本身。实施过程要灵活，要根据政策和部门改革中的变化进行调整，使之适应新的经济、政治和社会背景。

（1）目标

对政策战略环境评价的监督和评价，应重点关注由 SEA 过程和 SEA 项目建议的相应实施所引起的包括提升环境优先关注度、加强环境支持群体作用、强化社会问责机制以及提高政策学习能力在内的预期成果，是如何影响政策和行业改革的。

（2）后续过程和试点案例

在政策和部门改革中，对 SEA 的监督应关注其预期成果。它应具体关注：环境和社会优先权信息对主要利益相关方的可用性；相关方参与环境和社会管理的活力；环境和社会优先权相关决策的透明度；作为改革的一部分而实施的法律、管理和制度调整。对这一系列关注的尝试已与肯尼亚森林法案政策行动矩阵（在专栏 3.8 中讨论）一起进行。

专栏 3.8　肯尼亚森林法案 SEA 中的政策行动矩阵

政策行动矩阵的设计，旨在成为该森林法案实施的关键导则和监测手段。

把 SEA 的发现和建议作为政策行动矩阵公布，其目的是为了支持肯尼亚森林法案的广泛实施。该矩阵得到了所有利益相关群体（包括代表财政部和环境与自然资源部的常任副部长们）的支持，它是允许利益相关方监督实施进程，确保政府承担相应责任的重要工具。根据评价，一些受访者证实了该政策行动矩阵为他们所主张的工作提供了重要杠杆作用。例如，肯尼亚林业工作组已发布了两份政策简报，通过为政策行动矩阵开发的指标，评估森林法案的实施情况。这一矩

阵可以通过互联网访问（http://www.policyactionmatrix.org）。然而，肯尼亚林业部改革秘书处的解散以及其他一些背景因素，限制了该政策行动矩阵更广泛的使用和影响力的发挥。间隔适当的时间再次召集被咨询过的利益相关方，并根据矩阵回顾 SEA 进程的预想并未实现。

来源：Slunge 等（2010）。

总之，如果政策战略环境评价能加强政策能力，拓展政策视野，支持政策体制，推动更为友好的环境和社会行为，那它就有助于提高政策制定水平。评价应关注政策制定过程中这些基本条件是如何随时间改变的，这要求找到合适的指标。此外，应该牢记，SEA 带来的效果是许多因素共同作用的结果，其中一些可能与 SEA 的建议有关，另一些则和改革本身有关，且有些效果源于外部因素。人们认为，为评估专门开发的框架，是在政策和部门改革中监测和评估 SEA 的一个有益的尝试（见附录 B）。

（3）预期成果

监测和评估框架的主要预期成果，是延续在政策战略环境评价时建立的多方对话机制。对话将使人们对 SEA 和部门改革是如何成功解决环境和社会优先事项中存在的问题进行反思。

第四节　结论

第二章指出，政策和部门改革中 SEA 最关注的是，通过改变组织和社会团体内部的激励机制、态度和文化，培养出更好的环境和社会意识。这类改变的结果最终加强了环境支持群体，确定及肯定了环境优先事项，并强化了社会问责机制和政策学习能力。

本章重点介绍 SEA 应用于政策和部门改革不同阶段所采用的方法。它为那些想要尝试在战略层面引进 SEA 的决策者、捐助方和实践者提供了指导。

还有一些需要注意的是：政策制定远比发展项目的设计和实施更为灵活，大多数项目环境评价中被逐渐接受的技术方法与政策无关。因此，本书尝试提供的一些方法指导不应该被实践者僵化地使用。早前试图获得环境主流化"清单"的研究已使人们很快意识到，处理制度和背景方面的挑战，通常被利益相关方认为是远比技术工具的选择更加重要的。事实上，在一些讨论环境主流化相关挑战的综述中，Dalal-Clayton 和 Bass（2009）指出，有迹象表明问题（环境利益"强加"在发展利益上的技术措施和制约性条件）的一部分原因是过分关注于工具，而不是去权衡一种追求"共赢"的战略。

关于这个问题最后要说的话，留给湖北路网规划试点 SEA 的评估人员可能最为合适："这些过程（政策战略环境评价）的职权范围应该只对分析方法的基本要求作出规定，而把具体方法的实际选择权留给实施 SEA 的人，并要求 SEA 咨询方或推动方在选择和开发应用于 SEA 的实际方法时，适当考虑利益相关方的需求和偏好"（Dusik and Jian，2010）。

注　释

1 此后术语"评价""分析"的使用将含有更仔细、详细的意义。

2 该材料部分选自世界银行网站，网站把利益相关方分析作为反腐工作的一部分。参见 http://www1.worldbank.org/publicsector/anticorrupt/PoliticalEconomy/stakeholderanalysis.htm。

3 这些工作表是"世界银行劳动工具箱"的一部分，网址：http://web.worldbank.org/WBSITE/EXTERNAL/TOPICS/ENVIRONMENT/0,,contentMDK:21324896~menuPK:5065940~pagePK:148956~piPK:216618~theSitePK:244381~isCURL:Y,00.html。

4 步骤选自 UNDP（2008）。

参考文献

[1] Behr，Diji Chandrasekharan，and Fernando Loayza. 2009. "Guidance Note on Mainstreaming Environment in Forest Sector Reform." Environment Notes 2，World Bank，Washington，DC.

[2] Dalal-Clayton，B.，and S. Bass. 2009. The Challenges of Environmental Mainstreaming: Experience of Integrating Environment into Development

Institutions and Decisions. Environmental Governance 3. London: International Institute for Environment and Development.

[3] Dusik, J., and Y. Jian. 2010. "Evaluation of the World Bank's Pilot Program in Institution-Centered SEA: Strategic Environmental Assessment for Hubei Road Network Plan (2002-2020)." Unpublished report, World Bank, Washington, DC.

[4] Loayza, Fernando, and Juan Albarracin-Jordan. 2010. "Mining Sector Strategic Environmental and Social Assessment (SESA)." Environment Notes 4, World Bank, Washington, DC.

[5] Rietbergen-McCracken, J., and D. Narayan. 1998. Participation and Social Assessment: Tools and Techniques. Washington, DC: World Bank.

[6] Slunge, D., A. Ekbom, W. Nyangena, and P. Guthiga. 2010. "Evaluation of the Strategic Environmental Assessment of the Kenya Forests Act." Unpublished report, World Bank, Washington, DC.

[7] UNDP (United National Development Programme). 2008. Generic Guidelincs for Mainstreaming Drylands Issues into National Development Frameworks. Nairobi: UNDP.

[8] World Bank. 2003. Sustainable Development in a Dynamic World: Transforming Institutions, Growth, and Quality of Life. Washington, DC: World Bank.

[9] World Bank. 2007. "Strategic Environmental Assessment of the Kenya Forests Act 2005." Report No. 40659-KE, World Bank, Washington, DC.

[10] World Bank. 2009. "Strategic Environmental Assessment for Hubei Road Network Plan (2002-2020)." Unpublished SEA report, World Bank, Washington, DC.

[11] World Bank. 2010. "West Africa Mineral Sector Strategic Assessment (WAMSSA): Environmental and Social Strategic Assessment for the Development of the Mineral Sector in the Mano River Union." Report 53738-AFR, World Bank, Washington, DC.

第四章　结论与进一步建议

本书的经验教训来自政策战略环境评价（SEA）文献、六项战略环境评价试点及其评估和第二章介绍的评估交叉的分析。本章首先给出的是试点项目的关键成果、信息和建议。在交叉评估结果的基础上，还特别阐述了政策和部门改革中战略环境评价的主要益处和附加价值。最后，还就以下问题进行了阐述：一是如何将战略环境评价进一步应用于政策的拟订和实施过程中；二是为了达到这一目的在合作国和开发组织方面需要特别注意哪些环节。

第一节　评估的主要成果

如第一章所讨论的，SEA 是将环境影响作为主流考量并纳入决策过程的众多方法之一，这些方法间并不存在竞争。所以，提高使用政策战略环境评价的这一工具的做法不以任何方式排除继续使用传统（以影响为中心的）SEA 方法。但是，有必要利用像政策战略环境评价这样的分析性和参与性方法为部门改革中的环境主流化提供技术支持。

试点得出的经验很大程度上印证了对技术支持的需要，也说明 SEA 从有利的方面说可以帮助改善政策和部门改革的拟订和实施。政策战略环境评价试点以不同的方式在不同程度上提升了对环境和社会优先事项的关注，加强了环境支持群体并丰富了对政策的学习和认知。评估也发现，试点工作有利于政策能力的扩大、政策视野的开阔和决策体制的修改完善。正是通过对上述决策中三个基本条件的影响，SEA 推动了部门改革形成和实施中的长期变革。

有助于取得这些成果的具体工具已经存在并在第三章中作为导则进行了介绍。在部门改革中关注环境考量要求 SEA 有不同的侧重，并充分利用经济学、政治学、社会学和适应性决策等领域的特定工具。

需要特别指出的是，无论在开发合作的背景下，还是经济合作与发展组织（OECD）的政策过程中，世界银行 SEA 试点项目的环境主流化经验得出了同其他研究者相似的结论。

此外，所有权、能力和信任是政策层面环境因素主流化的必要条件。

有力证据表明，只有在有效提升政府、民间社团及当地社群的 SEA 所有权的情况下，SEA 才能取得积极成果。评估表明，国家所有权有多个方面，比如政府所有权就涉及授权控制改革（包括 SEA）和承担责任两个方面。国家机构负责设计可持续发展政策时，更有权力提出比世界银行或其他机构更为有力的措施。但值得一提的是，当弱势部委取得政策战略环境评价所有权时，就存在监管俘获和相关寻租的风险。西非矿业部门战略评价试点（WAMSSA）表明，像多方利益框架这样的机制，可以防止这种情况发生。所有权的另一个方面与民间社团和潜在被影响的利益方密切相关。通过针对部门改革中政策制定和决策形成而精心设计的制度支持和多方利益框架，SEA 能够协调不同利益相关方的诉求，并可通过增加透明度和社会责任感阻止监管俘获。

有效地环境主流化，需具备知识传播、消化和理解，战略思考以及不同利益相关方互动等能力，这些都需要大量的时间和高素质的员工。目前，现有工作人员大量的时间和精力都花费在了应付日常事务上。

最后，环境主流化还需要信任，因为它要求来自政府内部和外部的不同利益相关方共同参与政策学习过程。这一学习包括承担风险（承认一个人的论点可能不完全正确，需要改变立场），有时候需要将政策过程从对地方利益相关者公开提升到向全国的利益相关方公开。因此，利益相关方需要对评价过程和主导评价的领导方有充分信任。而且，对关键利益相关者的信任还需要决策者更愿意倾听弱势相关方的诉求，从而让他们的决定对更广泛的支持群体负责。

试点项目的另一个重要发现是，长期的支持群体建设是必需的。SEA 只是对政策形成连续过程的一种小而有限的干预。要维护其成果的长期性，有必要建设能维护政策影响和制度变革的支持群体，因为一些政策影响和环境变化可能需要较长时间才可以显现。支持群体建设需要大量的时间和努力。因此，SEA 提供的只是最初的推动力，推动把长期支持群体建设作为持续进行的过程。支持群体建设的某些方面相对容易解决，比如在 SEA 完成后开展后续活动；其他方面可能要更困难些，尤其是当其挑战既定权力精英惯有的决策方式时。

鉴于 SEA 需要大量时间才能影响激励、态度、组织文化、职业准则、政府权力关系等变革，有效的环境支持群体有让政府的改革更为持久的潜力。因此，政府需要从支持群体建设和长期相关方参与的支持架构和过程中有可预见的收益。第二章中介绍的一个模型是西非矿业部门战略评价试点期间提出的多利益相关方框架。虽然这是一个潜在的优良模型，但它只着重了某一部门，且与特定的干预有关。一个能够支撑持续环境主流化的模型应该更具一般性、更能得到政治授权、有更为公开的公共咨询过程、更能适应自然资源管理中的多种冲突。这种制度模型也有助于避免监管俘获，因为监管俘获很可能在部委较弱、寻租盛行的国家中出现。然而，这种方法因各国具体情况而异，如是否有发达的民主体制存在，或利益相关方参与当地自然资源管理的文化。

支持群体建设需要超越部门和利益进行强化，这一过程要求建立信任和问题共担的意识。一方面，在有利的条件下，利益相关方开始处理复杂问题，对可持续发展问题作出回应，分担出现的政策困境和利弊取舍，问题共担的观念和互信就会出现。这种改变甚至可能达到促成对立组织相互理解的程度。另一方面，评估表明，当试点中的支持群体建设较弱时，对政策战略环境评价建议的采用就会受到限制。

试点最后一个主要发现是，背景因素在决定战略环境评价是否对政策有促进作用中具有压倒一切的作用。第二章强调了一系列通过试点确认的背景因素。在一些情况下，这些背景因素可能会使进行政策战略环境评价失去意义。这在社会局势极端紧张（如塞拉利昂试点案例）或新上台政府决定推迟前任管理层发起的改革进程时是有可能发生的。然而，任何情况下，SEA 的准备和计划工作都必须确保能根据背景因素进行适当调整。其中，有些可能仅靠战略环境评价很难使其改变，需要寻求不同类型的干预措施。另外一些较容易通过 SEA 改变，如所有权、政府部门组织协调的文化和传统，以及参与战略环境评价过程的能力。但是仍然可以通过战略环境评价的方式改变其他一些方面，如在不同利益相关方间建立互信，或确定后续措施来维持战略环境评价成果的有效性。在某些情况下，可以通过确认适当的初始范围来确定背景因素，但选举等政治和社会事件，可能会以不可预见的方式大大改变现有情形。

相关的经验是，需要明确阐述政策战略环境评价的潜在收益。政策战略环境评价的发起者必须认识到，现任 SEA 参与者都有其特定的利益。他们的参与程度受利益是否大于风险和成本的影响。所以，政策和部门改革的战略环境评价必须首先被理解为是一种战略决策支撑工具，以确保政府提高决策能力，而不应被理解为一种环境保护措施。政策战略环境评价直接关注国家的发展优先领域，它不仅致力于从环境主流化角度改进决策，而且要促进从全面发展的角度做出更好的政策和计划。战略环境评价在环境和社会优先领域对经济发展影响方面的探索，是对部门改革影响经济发展的一种补充。这一观点，使得建立国家所有权更为容易（下文将进一步讨论）。

这一战略环境评价框架也需要不同行业的专业知识，而并非是战略环境评价有关的一般知识。目前，战略环境评价实践者往往拥有环境影响评价（EIA）的背景，以及同环境影响评价任务和环保措施相关的技术技能。因此，他们倾向于以相似方式对待战略环境评价。考虑到政策战略环境评价对制度、管治、政治经济和政策问题的强烈关注，他们的技能背景并不是最相符的。致力于政策和部门改革的战略环境评价团队，需要增加政策相关学科（如经济学、社会学和政治学）的专业知识。

建议：

（1）政策和部门改革的战略环境评价，不仅仅是一种环保机制，它能促进国家做出更好的决策和战略规划。政策战略环境评价准备过程中的对话应重点放到关注主要利益相关方（包括较弱和易受伤害的相关方）的利益和诉求决策者身上。

（2）政策战略环境评价的准备工作和确定范围，必须谨慎考虑背景因素，包括经济政治条件、组织文化传统、SEA 过程的所有权、民间团体获得环境社会信息的可能性以及政府组织的基础能力。SEA 的纲要包括对政策分析专业知识的需求，这些知识基于经济学、社会学、利益相关方参与、政治学等学科和领域。

（3）信任和支持群体的构建与加强，对一个成功的政策和部门改革战略环境评价来说至关重要。无论何时进行政策战略环境评价，都要把资源和时间用于这项工作。其目的是创建不受特定的政策流程、项目或个人影响的长期存在的支持群体。

（4）维持 SEA 对环境主流化做出贡献应该纳入政策执行和部门改革中，并将影响扩至类似的更广阔的政策，这项任务包括将 SEA 建议和后续活动向参与者提供详细反馈。

第二节 推动政策战略环境评价：分阶段的方法

鉴于战略环境评价可能给政策和部门改革（及间接给经济增长、缓解气候变化、减少贫困）带来的潜在好处，本书的主要建议是，要进一步验证并推广政策层面的战略环境评价。

因为推广涉及来自广泛捐助机构和伙伴/客户国的共同承诺，所以案例需要有稳固的基础。不幸的是，无论在北方还是南方，都缺少对不同环境主流化活动相对有效性的系统研究。越来越多的发展中国家在建立战略环境评价方面立法。此外，在部门改革中考虑气候变化时越来越多地使用政策战略环境评价这一工具，因为战略环境评价能够把气候变化因素纳入优先领域设定中，或者是将易受气候变化、严重影响温室气体排放的活动纳入优先领域。然而，建议认为，需要用一种实用、谨慎、分阶段的方法，来确保政策和部门改革中战略环境评价的推广。作为政策战略环境评价试点的西非矿业部门战略评价能够顺利完成，得益于从整体上对该项目认知的不断积累，这说明随着政策战略环境评价方法应用的逐渐增多，学习的潜力也逐渐提升。

有建议认为，推广应分三个主要阶段进行，跨度大约是10年（见下表）。这三个阶段的主要预期成果是：在以更好的决策和成功的环境社会主流化为特征的参与国家中，主要利益相关方对进行政策战略环境评价更感兴趣，并且能力也得到加强；相关方互信增强；国家所有权得到强化。预期的发展影响是：经济增长更为强劲；贫困得到缓解；参与国的主要部门的环境和社会管理得到改善。在政策和部门改革的战略环境评价推广期间，需要对取得成果的部门指标进行识别、监测、分析和跟踪。

政策和部门改革中战略环境评价推广——分阶段办法（10年）

准备阶段 （第1—2年）	实施阶段一 （第2—6年）	实施阶段二 （第7—10年）
1. 为推广准备技术导则和意识提高的有关材料	5. 在选定的伙伴国启动支持群体建设和多利益相关方对话，准备进行政策和部门改革的战略环境评价	8. 国家驱动的政策层面战略环境评价制度化
2. 建立捐助方同盟和伙伴关系；提高意识	6. 在选定伙伴国的2～4个战略经济部门进行战略环境评价过程	9. 使战略环境评价落实于国家和部门开发政策
3. 评估时机，选定8～10个伙伴国	7. 评估及经验总结	10. 开发后续工作以及能不断推动决策和社会环境主流化的学习系统
4. 强化伙伴国实施的承诺和所有权		

在将战略环境评价应用于发展中国家部门改革的准备阶段，需要将重点放在提高公共意识和加强能力建设上，与此同时进行捐助方协调和联盟建设。这一阶段的关注要点是：对成功引入政策战略环境评价条件进行评价；确定有能力且愿意承担战略环境评价过程所有权的伙伴；评估可行的窗口时机。在开展战略环境评价的国家选择上需要提出更多的具体标准，内容应包括良好的管理、国家参与改革其政策进程的意愿、基本的公共管理能力。对参与国而言提高意识和能力建设的重点可能在环境可持续性、经济发展和气候变化适应缓解等最具战略性的部门，如林业、采矿业、能源、工业发展、农业等。

第一实施阶段参与国开展具体详细的分析工作，将战略环境评价应用到政策过程。有建议认为，应在8～10个自选国的主要发展部门中进行2～4项战略环境评价，以获得部门改革中有关环境、社会和气候变化主流化的重要经验和能力。这一阶段最后，进行评估和“经验总结”。

第二实施阶段涉及一个由国家推动的过程，它将战略环境评价应用于政策制定逐步制度化，从而把战略环境评价定位为部门层面合理决策的关键工具之一。

随着各国继续检验战略环境评价这一工具，他们要深刻意识到，战略环境评价的目的不是为了满足某些管理要求，而是要改善政策制定过程，从而推动可持续发展。特别是战略环境评价应该被视作是一种强化制度和政府进行管治变革的方法，用以提高政府在部门改革中整合环境、气候变化和社会因素考量。

即使这一推广的建议没有完全实现，战略环境评价仍可促进部门改革。基于该项评估提供的证据，有建议认为，在下列情况时，捐助方和伙伴国可携手促进政策和部门改革中的战略环境评价：

- 国家所有权得到保证；
- 战略环境评价与部门改革设计同步进行，而不是孤立的评价；
- 部门改革实施过程中，战略环境评价推荐的后续活动能够得到支持。

建议：

（5）推广期间应用战略环境评价的方式应该比在试点案例中更具战略性。推广的重点可以是国家中一系列对增长具有关键/战略性的关键部门，如减贫工作，适应和缓减气候变化工作等部门。在这些部门进行战略环境评价，将有助于提高环境友好和可持续发展的能力。建议认为，针对自选过程中对加强所有者权益显示出兴趣的国家，应给予优先支持。

第三节　推动政策战略环境评价：伙伴国背景下要考虑的问题

战略环境评价试点比较分析的结果表明，在发展中国家对政策战略环境评价的推广要重点加强以下工作：阐明战略环境评价的益处，提高战略环境评价过程中的部门所有权和应对能力限制。下文将对这些问题进行更详细的讨论。

一、传达政策战略环境评价的益处

在所有国家中，既定的权威和精英阶层的利益，会严重制约对新思想的采纳。这种情形在不鼓励挑战权威的文化背景下会非常棘手。在这些地区，开发机构在测试基础上推行的政策战略环境评价可以得到容忍，但当它推广时，可能会被认为是对既定权威制定政策权利的威胁，在经济发展战略部门进行战略环境评价时这种情况尤为明显。因此，战略环境评价有可能被权力部委视作是由外部利益群体和捐助者支持下的对发展的一种制约，是对战略发展利益的威胁。有证据显示，湖北路网规划试点中就存在这种情形，专栏 4.1 给出了简单总结。

专栏 4.1　推广与对既定权威的威胁：湖北路网规划设计试点

在湖北路网规划设计案例中，政策战略环境评价方法与中国法律中规定的规划环境影响评价过程不完全一致。评估者把这些过程描述为“非常僵化”，有许多制度安排，但却不一定支持政策战略环境评价方法所追求的灵活性和包容性。例如，评估人员认为，一旦战略环境评价指出了规划中的缺陷，其结果往往是对战略环境评价报告的驳斥，而不是重新起草或放弃规划。

另一个例子，是省级公路规划对战略环境评价团队制度分析和强化社会环境问题管理行动计划的回应。虽然这一计划得到了三大利益相关方群体的认可，却从未被湖北省交通厅完全接受，因为它提议改变权威结构，而这一内容事先没有讨论过，也没有得到部门同意。

来源：Dusik 和 Jian（2010）。

处理这种情形的方式有两种，一种策略是尝试建立政策对话，确保战略环境评价不被当做是另一种形式的管理障碍。应该详细说明通过战略环境评价把环境和社会方面纳入部门改革的益处和附加利益。这些益处包括（但不仅限于）加强部门中的风险管理、提高政策能力、拓宽政策视野。正如之前提到的，主要挑战是要确保战略环境评价的潜在益处得到不断突出，并因此建立起支持群体。建议政策战略环境评价的支持者寻求一些方法，使环境议程与其他在政治议程上地位更高的主要发展主题（如经济增长、减少贫困、健康、就业率等）相符，与现有的主导观点和利益相符。事实上，利益相关方通常愿意也能够主流化环境问题，但他们只有在部门中同重要的短期利益方结成同盟时，才会在政治决策中得到支持。

另一种是互补策略，可利用长期综合发展规划中的规则和行动纲领作为杠杆。许多发展中国家仍然把五年或十年国家发展规划作为优先投资领域和利用捐助资金的主要依据。在这些国家，规划成为部委活动的重点，大量精力被用于编纂、实施规划及对规划结果的评估。把政策战略环境评价的要求纳入对国家和部门规划文本的指导能对环境主流化产生有利影响。但是，采纳战略环境评价对部门和政策改革的要求，应该是战略环境评价发挥自身优势促进更好决策这一优点的结果。

二、提高战略部门中的所有权

战略环境评价试点的评估已经明确表示：战略环境评价的国家所有权是成功实施战略环境评价的必要前提条件。在特定部门改革中应用战略环境评价时，要特别注意选择合适的对应机构。至少一个战略环境评价试点（达卡都市发展规划战略环境评价），责任机构不情愿导致评价结果不理想。经合组织成员国的影响评估和政策整合工作也表明，部门所有权和责任在战略环境评价中具有非常重要的作用。

战略环境评价是部门规划者和决策者在制定和实施政策时可以使用的一种方法。作为政府部门之一，那些直接致力于促进可持续发展部门的作用不能过分夸大。正如1978年布伦特兰委员会及1992年里约峰会明确陈述的那样，致力于经济、环境和社会可持续发展的目标并非在逻辑上必然能由环保部门主导，而是必须在实施经济、工业和开发活动的综合部门获得。但是，如之前讨论的，要特别注意确保战略环境评价所有权部门机构有足够的能力来抵制监管俘获。在精心设计的制度支持和多方利益的决策框架（用于解决政策发展决定，如西非矿业部门战略评价试点中提出的那些框架）的帮助下，战略环境评价能够帮助协调不同利益，通过提高透明度和增强社会责任感，阻止监管俘获。

部门所有制不应该被狭义解释。其内容包括部门当局和公共机构，但如试点所示，它还应该包括民间社团、私营部门和媒体。试点表明，使所有主要利益相关方，尤其是较弱的相关方，参与战略环境评价进程是非常重要的。不应低估私营部门和媒体的作用。它们的参与能提升战略环境评价对部门或政策改革贡献的合法性，防止政策在实施中产生造成严重损失的误解，并且能够帮助防范监管俘获。

还应当指出的是，部门所有权意味着环保机构将具有新的作用：在政策和部门改革战略环境评价中，环保机构没有运作职能，它只负责提供专业知识，保障环境政策、规定和承诺的持续性，以及参与跨部门咨询小组或指导委员会。但是，政策战略环境评价的结果，可能会导致环境保护有关的法律、法规或政策的具体变化，而对这些变化的进一步准备工作就需要由环保机构来做。

三、应对能力约束

通常，缺乏足够的能力一直以来都被作为发展的制约因素。当政策和部门改革的战略环境评价涉及此类新的概念、实践或分析方法的引入时，这一问题在发展中国家可能更为明显。试点过程的许多场合中，人们都提出了对能力缺乏的担忧，有时甚至意味着，与仍以项目环境影响评价为主要追求目标的国家建立战略环境评价系统的做法是不明智的。政策战略环境评价要求的技能与环境影响评价中需要的技能不同，但是，能力限制因素更多是与政策分析和相关方参与方法有关，而不是与环境影响评价技术能力自身差距有关。

试点评估表明，为使战略环境评价有长远的影响，需要大力加强政府和民间社会的当地能力建设。虽然一些战略环境评价团队通过当地咨询伙伴来组织咨询活动，但试点研究中没有地方能力建设得到提高的证据。为了解决这个问题，政策和部门改革的战略环境评价应该包括大量关于提高当地能力的内容。此外，战略环境评价的目标之一是将环境因素提上政策议程。试点中的证据显示，加强执行团队建设并保持它们长期运作，有助于促进上述议程的设定。执行团队需要加强政策分析能力和提高在民间社团政策对话中的代表性。否则，政策实施期间有关环境优先事项和依据战略环境评价结果采取的后续活动措施往往是暂时和间断的，而不是长久和持续的。

推广和应对能力限制因素中一类非常重要的问题是筛选培养拥护者和帮助建立 SEA 能力的协助组织。资源稀缺的发展中国家可以通过鼓励个人政策创业，获得政策战略环境评价的大量契机。贫困-环境倡议（PEI）正在测试的“贫困和环境支持者”系统，就是一个很好的模型。它从试点国中选人来承担宣传任务，倡议把贫困-环境因素纳入国家、部门和地方各级的发展规划中。作为回报，被选定的支持者可以得到高层的认可及其他好处，如国际社群的培训和会员资格。

SEA 的另一个作用是在捐助方离开后，依赖 SEA 平台所提供的资源、技术帮助、能力建设等依然存在。在一些国家，SEA 后续监管工作可能会被纳入秘书处，如 EITI（采掘行业透明度行动计划）或 EITI++，来进一步提高采掘业依赖型国家的透明度和社会责任感。

建议：

（6）政府需要积极主动地为战略环境评价寻找合适的倡导者，选择主导机构的标准必须清晰。为达成有效的战略环境评价，应由掌管规划和部门改革的机构和部门负责进行战略环境评价，而非环保机构。环保机构和部门在操作上不应该太主动，而应该通过跨部委咨询小组或指导小组参与战略环境评价的管理。为保证弱势机构不受监管俘获和相关寻租危害，应使利益相关方通过多种形式参与到部门改革和政策制定中。

（7）当对战略环境评价存在规则要求时（如在国家发展规划指导原则中），这些要求可以被杠杆化，从而将战略环境评价的主张纳入政策和部门改革中。但是，之所以采用战略环境评价，则是基于它能推动更好的决策这一优点。推广阶段将政策战略环境评价强制化可能带来负面影响，使其成为潜在的管理障碍。对于是否需要在某种程度上对政策和部门改革的战略环境评价进行强制，必须考虑到国家层面的具体法律和制度背景。

（8）需要对政府、民间社会组织、媒体及某种程度上的私营部门进行大量投资，加强对上述各方的能力建设，以保证战略环境评价倡导者、政府官员和利益相关方能有效地将战略环境评价应用于政策制定和实施过程。

第四节 推动政策战略环境评价：开发机构要考虑的问题

推广政策和部门改革中战略环境评价的另一个重要方面，是通过开发合作社群中的战略联盟和网络建设创建国际化的支持群体，进一步发展、探索战略环境评价在战略决策中的潜能。许多协同效应，只能通过这样的协调努力才能实现。世界银行战略环境评价试点项目的结果，同经合组织发展援助委员会（DAC）战略环境评价工作组以及UNDP-UNEP的PEI项目有许多的共性。本节将讨论这些问题，并指出在协调方法作用下，促进多边和双边捐助方推广的可能方式，重点是要建设同盟，提高捐助方和受援方的统一认识。

一、同盟建设与和谐促进环境主流化

促进政策战略环境评价同盟建设的关键问题是：政策和部门改革战略环境评价推广中，哪些是最有效的网络和同盟，以及如何最有效地对它们进行调动和组织？这里的关键问题是，随着世界银行新环境战略的发展和UNDP-UNEP PEI的推广，在最高战略层面上促进战略环境评价的时机似乎正在来临。

贫困-环境倡议通过向规划、经济和环保部门提供技术支持，鼓励发展中国家环境主流化的能力建设。考虑到贫困-环境倡议吸取的有关环境主流化的经验教训，其他推动这一议程的发展机构也能从伙伴关系中获益。经合组织战略环境评价工作组，作为一个基础广泛的战略环境评价支持网络，发挥着积极的作用。国际开发组织对它的这一看法，从《应用战略环境评价：发展合作的良好实践指导》（OECD DAC，2006）公布之日起就是如此。也是从这天起，任务小组重新开始致力于支持实施过程和能力建设。

其他开发机构也积极活跃在环境主流化和政策战略环境评价领域。例如，许多所谓志同道合的双边机构，如DfID（国际发展部，英国）、GTZ（德国技术合作局）及Sida（瑞典国际发展合作局），就积极研究了他们援助计划中主流化的潜力。多边机构，如亚洲开发银行和美洲开发银行，也已经把环境主流化过程纳入其项目循环。很显然，政策和环境主流化战略环境评价相关领域中的大量重要经验来自广泛的双边和多边发展。建立广泛环境主流化同盟的时机似乎已经成熟，这有助于明确不同利益方的角色和定位。

同盟建设不仅需要捐助方通力协作，根据其比较优势给实施过程带来附加值，还要求伙伴国参与，使那些参与战略部门改革的国家形成战略环境评价同盟。这种同盟关系可以保证国家间的经验交流，使战略环境评价在全球范围内的实施更加有效。

世界银行可以把在部门改革中的专业经验传授给有潜在

影响力的同盟。世界银行在协助发展中国家农业、林业、矿业、石油、水资源、能源、交通、农村发展及其他领域的部门改革方面，有超过20年的丰富经验。同时，它还拥有帮助国家运用战略环境评价的重要经验，特别是在政策战略环境评价方面担任先行者的角色。用于支持部门改革的战略环境评价正被应用于矿业和林业，在水资源、交通、农业和旅游业部门中也开始有应用。

二、政策战略环境评价的资金

政策战略环境评价的推广需要调整和调动资源。需要什么样的人力、制度和财政资源来支持拓展的过程，又需要做什么来确保这些资源的可获得性？毫无疑问，整体上，战略环境评价（尤其是政策战略环境评价）的推广，需要保证大量来自开发机构和伙伴国的资源。例如，UNDP-UNEP PEI之前，两大联合国机构承担了对推广要求进行分析的工作（UNDP-UNEP Poverty-Environment Initiative，2007；UNDP-UNEP，2009）。它们发现，因为环境主流化相对较新，且致力于改变优先领域，涉及许多部委，所以它的成功需要大量的人力和时间投入及不同层级的技术和政治支持。这一联合项目为以下事项提供资金：环境、规划和经济部委的重点内容；每个国家的国家项目经理；技术顾问；财务助理；综合生态系统评估和经济分析的专业团队。

在国家能够接手战略环境评价、把它作为常规决策一部分之前，世界银行同国际和双边发展机构一起，要继续为这项工作提供资金。虽然国家所有权应该以投入政策战略环境评价的国家资源来表征，但出于某些目的，仍需要外部资金。一个目的是，用来帮助低收入国家政府提高能力，使它们完全拥有并采纳这一方法。第二个目的是，确保民间社团、学界和其他团体中的利益相关方及媒体，能参与中低收入国家的政策战略环境评价过程。

三、捐助方群体的意识提高和所有权

之前，我们对发展中国家的能力建设问题已经进行了讨论。成功推广的前提是捐助方群体和世界银行的能力和成员意识均有提高。提高捐助方团体中环保部门以外的意识是有必要的。业务部门负责制定干预措施和活动。除非负责设计干预措施的管理者能充分认识到战略环境评价工作的目的，否则政策战略环境评价的结果不太可能会被纳入考量范围。

因此，清晰阐明政策和部门改革中战略环境评价的益处是有必要的。并且，还要对这些与捐助方和伙伴国相关的益处进行讨论。如前文所述，战略环境评价的影响是促成更强劲和健康的发展的同时缓解环境和社会压力；而其直接影响是更合理科学的决策，具体通过达成以下四个结果实现：更好的优先领域设定；支持群体建设；责任感的提高；政策学习。战略环境评价达成这些结果的有效性，需要在推广过程中仔细评估。为此，准备阶段（该阶段包括意识的提高），需要构建有可操作的指标并且可用于后续评价的框架。

对于新动议来说通常如此，在部门改革中开展战略环境评价需要大力倡导的拥护者。理想情况下，这些人应该是政策企业家或来自支持项目的政府机关。有时，为所有权作出的积极行动也发生在一些发展中国家，因为这些国家中的机构看到了政策创新的益处。同样地，在捐助方内部，也有必要建设政策战略环境评价的支持群体，使他们在经合组织发展援助委员会战略环境评价工作组的保护下通过某种国际机制相连。

第五节　结论

毫无疑问，政策和部门改革的战略环境评价在过去几年间显著发展，但它依然处在早期阶段。六项试点评估及近期相关环境主流化的工作表明，政策层面的战略环境评价方法有潜力提高决策水平、强化整体管治、提高资源有效配置和使经济发展脱离资源退化和气候变化。此外，帮助实现这些成果的工具和方法已经存在，特别是在政策分析和公众参与领域。

同大多数的开发活动一样，如果得到发展中国家的支持，战略环境评价很可能会有更深的根基。当地所有权的建设需要时间，且要求不断反复重申这一方法的益处，并强调信任、支持群体建设、财政支持和能力建设的作用。此外，还有建议认为，要促进战略环境评价在决策中的使用，需要国际同盟（包括发展中国家和开发合作社群）的努力。

然而，政策战略环境评价的推广需要以谨慎、逐步的方式进行，而且满足前提条件。新方法（如政策和部门改革的战略环境评价）的推广，应该通过和其他发展机构的联盟和伙伴关系进行。开发机构可以通过许多不同的方式继续加强战略环境评价能力，并且它们的参与在未来某个时间会是必要的。世界银行、多边区域发展银行、联合国机构和许多双边捐助方，都已经积累了重要经验，帮助各国提高部门改革的能力，包括环境问题主流化和制度建设。这些经验的积累对战略环境评价的进一步发展是至关重要的，因为这样做既可以提高合法性，又可以满足《巴黎有效援助宣言》和阿克拉行动议程中援助有效性的要求。

本书试图从战略环境评价的试点测试中，汲取分析和操作上的经验教训，并对进一步提升这一方法的方式进行规划。随着各国意识到解决气候变化和绿色增长问题的重要性，使经济增长与化石燃料（自然资源）高强度生产过程脱离的这一目标亟待实现。虽然不能否认技术和市场革新在可持续发展中的作用，但关键经济发展部门的改革势在必行。因此，本书的总体结论是，战略环境评价能通过促成绿色政策和部门改革，帮助各国向可持续发展迈进。

注 释

1 例如，参见 Nilsson 和 Eckerberg（2007）。

2 例如，参见 Ahmed 和 Fiadjoe（2006）。

3 对于这些部门来说，部门级的政策战略环境评价导则可以获取。参见 Behr 和 Loayza（2009）及 Loayza 和 Albarracin-Jordan（2010）。

参考文献

[1] Ahmed，K.，and Y. Fiadjoe. 2006. “A Selective Review of SEA

Legislation: Results from a Nine-Country Review." Environment Strategy Paper 13, World Bank, Washington, DC.

[2] Behr, Diji Chandrasekharan, and Fernando Loayza. 2009. "Guidance Note on Mainstreaming Environment in Forest Sector Reform." Environment Notes 2, World Bank, Washington, DC.

[3] Dusik, J., and Y. Jian. 2010. "Evaluation of the World Bank's Pilot Program in Institution-Centered SEA: Strategic Environmental Assessment for Hubei Road Network Plan (2002-2020)." Unpublished report, World Bank, Washington, DC.

[4] Loayza, Fernando, and Juan Albarracin-Jordan. 2010. "Mining Sector Strategic Environmental and Social Assessment (SESA)." Environment Notes 4, World Bank, Washington, DC.

[5] Nilsson, M., and K. Eckerberg, eds. 2007. Environmental Policy Integration in Practice: Shaping Institutions for Learning. London: Earthscan.

[6] OECD DAC (Organisation for Economic Co-operation and Development, Development Assistance Committee). 2006. Applying Strategic Environmental Assessment: Good Practice Guidance for Development Co-operation. Paris: OECD Publishing.

[7] UNDP-UNEP (United Nations Development Programme - United Nations Environment Programme). Poverty-Environment Initiative. 2007. "Mainstreaming Environment for Poverty Reduction and Pro-poor Growth: Proposal for Scaling-up the Poverty-Environment Initiative." http://www.unpei.org/PDF/PEI-Scaling-up-Proposal-Final.pdf.

[8] UNDP-UNEP. Poverty-Environment Initiative. 2009. "Scaling-up the UNDP-UNEP Poverty-Environment Initiative: Annual Progress Report 2008." http://www.unpei.org/PDF/PEI-annualprogress-report2008.pdf.

附录 A 政策战略环评试点总结

世界银行战略环境评价试点计划包括 8 个项目，其中 6 个于 2010 年年初完成报告编制及评估。本附录总结了这 6 个试点项目及其评估成果，介绍了世界银行支持的国家行动相关试点项目。本附录通过分析影响项目成果的促进和限制性因素，讨论了各项目试点取得的成果。在对试点项目的总结中，均总结提炼出了项目取得的经验或教训，可为后续政策战略环境评价工作提供一定的理论指导和实践经验。

第一节　塞拉利昂矿业部门改革战略环境和社会评价

塞拉利昂矿业部门战略环境和社会评价（SESA），作为一个以政策发展贷款（隶属于世界银行的计划管治改革与发展拨款系列）为依托的战略环境评价（SEA）项目脱颖而出。该 SESA 的主要目标是，通过把环境和社会因素纳入矿业部门改革，促进国家的长期发展。这一目标得到了采矿技术援助项目（MTAP）贷款的支持。该项 SESA 与 MTAP 的准备工作于 2006—2007 年间同步进行，MTAP 原计划 2007 年年底由世界银行董事会批准实施，但是，2007 年塞拉利昂新政府暂停了采矿业改革，使得 MTAP 拖延了将近两年之久。

一、试点简述

该 SESA 过程包括三个阶段。其中，第一阶段是对当前塞拉利昂整体的和各采矿部门（包含大规模的、手工作坊式的和小规模的）中普遍存在的环境社会问题进行现状分析，其以子部门的三个案例研究为基础。在现状分析中，介绍了在塞拉利昂四个省份开展首轮研讨会的情况。研讨会中，通过应用排序方法，选择出采矿业中的环境和社会优先领域。排序程序设计中尽量消除一些潜在的偏见，确保弱势群体在选取环境和社会优先领域时享有平等权利。

过程的第二阶段主要包括相关的制度、管治和政治经济问题分析，这些问题影响到政策转化为利益相关方行为的方式和政策执行结果。第一项分析任务是对环境和社会优先领域管理中所涉及的相关法律和制度框架进行回顾。第二项分析任务是评价新矿业政策到环境社会优先事项的演变机制。分析中考虑的机制包括：a. 制度和组织能力及其协调；b. 利益相关方对改革的潜在影响；c. 利益相关方间的协调。在第二轮区域研讨会中，利益相关方了解了这些初步分析结果，并对其进行了讨论，发表了意见。

SESA 的第三阶段主要是提出了一系列的对策建议。这些建议旨在扭转制度能力和管治薄弱的局面。在国家研讨会上，包括来自省级研讨会的代表对 SESA 提出的建议进行了论证。代表们提出了制度和组织调整建议以巩固政策框架，推进矿业、乃至全国可持续发展。

二、SEA 成果

在省级层面，环境和社会优先事项包括采矿就业、基础设施建设、社区发展与参与以及减缓爆破的负面影响四个方面；而在国家层面，利益相关方则把土地和作物补偿及村落搬迁、卫生及水污染、森林砍伐及土壤退化、童工和复垦问题定为优先事项。

在选取 SESA 优先事项、开展制度分析和提出相关建议时，社会弱势群体享有表达他们的关切的机会。穷人和弱势利益相关方给予了关注，如普通采矿社区、一些矿区内的妇女和儿童等。因此，SESA 扩大和深化了矿业部门改革的对话，通报了 MTAP 的准备工作，尤其是项目制度和管治方面的内容。但是，因为公共参与的范围局限于省级和国家级研讨会，所以当地矿业社区和传统权力机构在沟通对话中的参与程度有限。

该 SESA 还影响了塞拉利昂“穷人的公平”倡议。在地方层面，该倡议对更具实用性的干预措施的检验，在某种程度上基于 SESA 的分析结论和建议。该倡议承认 SESA 对其方法有重要贡献，促进了公众对改革知情权责任的讨论，有利于促进矿业改革。此外，此 SESA 使用的重要方法及分析内容被引入西非矿业部门战略评价（WAMSSA）之中，即另一个政策战略环境评价试点项目（见下文）。此 SESA 还推动了在世界范围内世界银行支持的其他矿业政策项目实施政策战略环境评价的进程。

虽然 SESA 对政策对话起到了显著作用，但其对塞拉利昂现有矿业政策，尤其是在政策中纳入环境社会考量的影响，却还没有实现。但是，这一结果并不能直接归因于 SESA 本身。外部的政治和制度要素在削弱 SESA 的短期影响中起到了重要作用。SESA 完成后不久新当选的政府认为，一定形式的经济多样性是必要的。因此，新政府优先进行了现有矿业合同的审查工作，而导致影响更大的采矿业改革延后了近两年之久。

三、限制或促进性因素

第二章讨论的 6 个识别出的促进或限制因素中，有 3 个在塞拉利昂 SESA 中表现尤为明显：机遇窗口、权力精英作用以及政策战略环境评价报告完成后环境和社会主流化的持续。

文献中把机遇的影响放在了可能影响政策进程的核心位置。然而，机遇不容易预测，并且也可能意外消失。在决定实施本次 SESA 时，具有良好的实施背景。当时国际上对矿产需求强烈，外国投资者对矿业也具有浓厚的兴趣。而塞拉利昂也逐渐摆脱长时间的贫困和内斗，塞拉利昂政府认为这是矿业发展的难得机会，对矿业部门改革充满热情。但是，这一机遇没有维持很久，在本 SESA 完成后不久，新政府当选，把农业投资和矿业合同的审查优先权列于矿业部门改革之前。此外，政府的变更又与 2008 年开始的全球经济下滑不期而遇。

虽然 SESA 对正式机构和国家政治经济的分析无疑是全面的，但对传统机构（如酋邦）的关注较少。尽管未来可能还存在很多成功进行矿业改革的机会，但忽略传统机构的基本制度，对于非正式规则在 3/4 以上国土普遍盛行的塞拉利昂这个多民族国家来讲，可能会导致低估改革中的潜在挑战。酋邦制赋予当地居民参与到矿业活动相关的土地、补偿和开垦活动的权利，但由于沟通有限，SEA 和社会评价工作人员只掌握了他们参加活动的部分信息，因此，也没能向他们完全通报 MTAP 的准备工作情况。

该 SESA 对拟议行动进行了潜在风险分析。这是本项 SESA 区别于典型 SEA 的一个明显特征。这项分析对特定利益群体可能干扰改革进程（从而扭曲预期成果）的经济和政治力量进行了剖析。在国家研讨会上，对这些分析和对策建议进行了论证。但是，通过扩大宣传来突出环境和社会问题在矿业部门改革中的重要性这一目标没有实现，本 SESA 取得的成果和提出的建议并没有得到广泛传播。对评价过程的详细说明及（评价成果的）广泛有效宣传，对强化利益相关方的集体记忆、加强环境支持群体建设和促进政策学习，本应可以发挥更持久的作用。然而，这在本项目中并未实现。

四、结论

尽管 SESA 实现了通报矿业改革中关键制度和政治经济问题的目标，但向特定支持群体转移过程所有权也导致了一些重要问题。本 SESA 得出了如下建议，对一般政策的 SEA 模型可能有参考意义。

① 咨询模式应与利益相关方和当地文化背景相适应（例如，集中在某一天/某一地点的咨询模式对于本土支持群体可能不合适，对他们应采取长期咨询并组建集中小组的方式）。

② 建立以文化敏感性方法实施对话为基础、将过程所有权转移给包括弱势社会阶层在内的利益相关方的机制。

③ 分析内容中应探索考虑替代情景的可能性，如最优情景和最差情景，并考虑它们可能对制度改革产生的影响及其内部关系。

④ 应进行习惯性制度分析，尤其是当地支持群体作为政策过程中的一部分，或者对政策过程起显著作用的情况下。

⑤ 确保所有利益相关方均能充分了解评价结果和提出的建议。

第二节　湖北路网规划（2002—2020 年）战略环境评价

2007 年，世界银行和湖北省交通厅（HPCD）开始了一项雄心勃勃的计划，即开展湖北路网规划（HRNP）的环境和社会影响评价。HRNP 提出要建设一个由 5 000 千米高速公路和 2 500 千米一般公路组成的路网系统，以实现该省主要城市间均能互通。该规划于 2004 年得到了湖北省政府的批准，但却没有按规定进行正式的规划环境影响评价，而 2003 年中国发布的《环境影响评价法》（以下简称《环评法》）中对此做了明确要求。

HPCD 请求世界银行帮忙对 HRNP 进行 SEA，世界银行接受了请求。鉴于战略环评制定时，HRNP 已投入实施，因此，本评价的重点是将环境因素纳入 2020 年的远期道路交通规划中。同时，此战略环评还致力于提升 HPCD 在基础设施规划和计划中环境社会因素主流化的能力，促进交通相关部门机构间的协调。

一、试点计划简述

本试点项目是世界银行在中国开展的第一项服务于省级交通部门规划 SEA。正因为如此，它结合了世界银行推行的 SEA 方法和中国当代的 SEA 实践。它还试图将规划环境影响评价的评价方法与政策战略环境评价关注要素的选取方法相结合。因此，这一试点可为中国或其他国家未来实施类似的战略环评提供借鉴。

本项 SEA 任务由一支专家团队承担。这些专家都来自享有盛誉的智囊团，专门负责中国 SEA，并有国际顾问的支持。SEA 团队根据世界银行和 HPCD 提供的一系列参考文件推进工作，并且在湖北驻地工作时长超过一年。具体来说，这一团队的工作包括：a. 识别利益相关方，并使他们参与到战略环评中；b. 收集环境基线相关资料；c. 分析 HRNP 与其他相关计划和政策的协调性；d. 精心设计该省道路交通未来的发展情景，并对每个情景进行环境和社会影响评价；e. 评价现有制度及交通管理政策对交通行业的影响，并提出强化机制建设的措施。

在这个过程中，SEA 团队同省政府利益相关方举行了多次会议，准备了多份工作文件总结评价成果，就战略环评的初步结论和建议进行了三轮咨询，以获得利益相关方对阶段成果的反馈和意见。在 SEA 评估阶段，由于团队的一些研究成果仍存在争议，因此，整个评价过程以 HPCD 未公开发布最终 SEA 报告的形式而宣告结束。

二、SEA 的成果

该 SEA 全面、整体地描绘了规划交通项目的可能环境影响。这一成果足以提高 HPCD 高级管理人员对公路交通发展的宏观环境影响的认识。HPCD 管理层现在更注重环境问题，这一点可以从设计阶段对每一道路项目进行的详细调查中得以验证。SEA 还间接促使 HPCD 发布了一项新的通告，鼓励在高速公路建设中强化环境保护要求。

关于社会学习，评价期间的所有受访者一致认为，共享基线分析中的数据是该项 SEA 试点中最有成效的做法。共享对学习也产生了促进作用。这一案例的部分文化背景是，由于中国的决策控制使得数据获取十分困难。数据通常被认为是政府机构“私有”的，SEA 团队只能从相关机构购买数据。湖北试点项目的评估者认为，数据的私有化是影响中国社会学习的潜在重要制约因素。因此，在湖北案例中，相对开放的基线数据分享被认为是非比寻常的，促进了利益相关方对技术和社会知识的学习。

但是，在支持群体建设方面，湖北路网交通规划案例不能算成功。SEA 团队提出的设立路网环境管理常设委员会的建议，没有得到责任机构（HPCD）的支持。评价结论显示，制度强化方面的建议，特别是那些可能影响到当前责任机构内部现有制度的建议，似乎是该项 SEA 中最敏感的话题。

三、限制或促进性因素

这一案例中最明显的制约因素与政府机构的组织文化相关。例如，虽然试点中实施了比通常更优的利益相关方参与机制，但评估显示，如果在评价过程中纳入相关当地（县市级）政府部门，由于所有相关机构意见都会获得采纳，咨询效果会进一步提高。这些政府机构对路网发展相关决策有重要影响，并且他们还掌握着评价过程中需要的具体环境数据。但是，在特定任务和实施模式的情况下，这样的咨询活动很难实现。

本SEA清楚地表明，世界银行采用的政策战略环境评价方法与中国《环评法》中关于规划环评要求的法律程序出现了冲突。评价人员认为，《环评法》中的程序非常僵化，其相应的制度安排不能支持政策战略环境评价方法倡导的灵活性和包容性。

SEA团队进行了制度分析，并制订了“加强省级道路规划中环境和社会问题管理的行动计划”，但当他们的提案在研讨会上提交给利益相关方时，HPCD限制了关于这方面的讨论。以下来自湖北试点评估的引言，进一步说明了这一情形：“SEA团队提出的关于制度强化的最终建议，虽然受到了三大重要利益相关群体的肯定，但HPCD领导者从未完全接受。而恰恰相反，这些制度建议成为他们对SEA报告正式宣传的关键阻碍之一”（Dusik and Jian，2010）。

四、结论

总体来说，尽管没有正式结束，SEA过程对湖北省路网规划决策产生了广泛的积极影响。虽然该试点没有对HRNP产生任何正式的改变，但它提高了HPCD领导层及其他机构对与该省道路系统发展有关的主要环境问题的认识。它还提供了夯实的基线分析和综合建议，正在被HPCD应用于路网发展相关的持续决策过程中。

SEA还促进了HPCD加强环境管理，为检查各部门的环保成效制定了新的标准。据报道，HPCD现在要求各高速公路项目负责人必须更关注环境问题。该SEA试点促进了对路网整体发展更为细致和全面的监管，帮助HPCD和相关省级政府间建立新的合作。一些受访者认为，对于单一道路的具体规划，评价提出的建议间接促进了利益相关方咨询水平的提高，改进了项目不利影响的补偿机制。

评估者的总体观点认为，SEA过程需要聚焦于关键的决策困境及利益相关方的关注点。应采取一些恰当的方法，使参与方提供数据并联合进行分析，或至少使他们参与到评估团队所取得初步成果的深入讨论中来。评价结论不应对项目的实施或SEA过程的延续提出直接的反对意见。如果SEA需要提出较激进的建议，应该先确定当务之急，且这些事项应该是在不久的将来可以实现的。此外，还要针对这些事项提出进行中长期改进的计划。立即实现激进目标的行动可能会对整个过程的全面成功产生影响。

第三节　西非矿业部门战略评价

西非矿业部门战略评价（WAMSSA）旨在通报西非一项支持矿业改革倡议的准备工作情况。这一倡议，被称为西非矿产管治计划（WAMGP），其最初的目的是要帮助西非各国利用好矿业发展的机遇，具体方式包括：a. 促进捐助方协调；b. 统一政策、法律和监管框架；c. 加强矿业公司合同谈判的区域协调能力。WAMGP和WAMSSA由马诺河政府联盟、西非区域一体化组织和西非矿业论坛（于2008年2月11—12日在几内亚科纳克里举行）捐助方提供支持。

目前，WAMGP提出一项价值3亿美元的可调整计划贷款。该项目贷款由许多单独国家的小额贷款组成，这项贷款以良好的管治、信息系统及投资推广、提升国家和区域经济的价值为宗旨。WAMSSA长期以来的目的——影响大规模的区域矿业项目或计划，最终获得了西非各国政府的认可。

一、试点简介

WAMSSA起源于2008年年底经济崩盘前的商品价格上涨时期。综合考虑资源可得性、商品价格上涨和矿业部门改革经验，各国将矿产和石油列入了启动发展的少数产业中，尤其是在塞拉利昂和利比里亚，这两国都在20世纪90年代饱受内战之苦。

WAMSSA分为四个阶段：

① 第1阶段是2008年举办的西非矿业和可持续发展会议。该会议形成了一份初始报告，概述了研究中要使用的方法和方法论。

② 第2阶段主要是收集背景信息（通过利益相关方的参与和网络数据采集），旨在运用矿业聚类方法，识别出区域矿业部门环境社会可持续发展所面临的主要机遇和限制因素。

③ 第3阶段主要是向国家层面的利益相关方提交第2阶段的成果，以确保结果与预期一致，保证矿业和基础设施中所采用的区域方法符合逻辑。

④ 第4阶段召开最后一轮咨询会议，其中包括区域论证会和WAMSSA指导委员会的最终会议，并将会议结果纳入WAMSSA最终报告中。

作为政策对话，WAMSSA涉及广泛、详细的咨询过程。包括在三国首都进行的核心小组会议、在三国10个采矿社区进行的社区调查；识别并排序环境和社会优先事项同时识别纳入矿业改革的关键政策和制度调整的国家研讨会；最后的区域论证会等。

二、SEA成果

WAMSSA证明，它之所以能促进环境和社会问题的对话，部分原因是为使利益相关方参与优先事项的排序，使用了相当复杂的技术。排序最前的优先事项包括“透明度/决策协调性不足”“森林砍伐和生物多样性的丧失”和“矿区的贫困问题”（World Bank，2010）。

本试点项目除了在优先事项识别采取的方法中取得了成效，其更重要的作用还体现在对发展问题的影响，以及有可能对环保可持续政策产生长期影响。有证据表明，对环境优先事项关注的提升，可以将环境和社会影响列入政策改革议程，进一步来说，未来还可能产生更好的成果。例如，WAMSSA显然对利益相关方看待矿业政策区域一体化的态度产生了实质性影响。这可能是 WAMSSA 对区域矿业改革产生的最重要的影响。

同时，也有证据表明，WAMSSA 试点推动了环境支持群体建设，这部分是因为 SEA 过程开启了处理区域规划和一体化的制度机制的检验工作。最后的论证会上，关于区域提案激增问题的讨论耗费了大量时间，因为这是一些关切和困惑的来源。许多利益相关方都很关切 WAMSSA，或至少非常关心其结果，以及报告完成之后付诸实施的情况。

研讨与会者讨论了如何最好地将这一新政策对话制度化。利益相关方群体强烈呼吁某种永久性的、多利益相关方群体建设，用以保持政策对话持续进行。与会者还明确表达了他们的沮丧之情，之前许多报告、咨询的结果和建议，似乎在项目资助完成后很快被遗忘了。即使是高层政府支持的项目也可能因政治领导权变更，而被停止或搁置。有时，虽然一项政策或计划得到了发展伙伴或某项管理层的支持，但决策者的变更会导致优先重点的转移。

利益相关方提出了一个复杂、持续的多利益相关方工作框架。它是 WAMSSA 咨询启动之初的政策对话源泉。工作框架包括来自区域、国家和地方层级的多利益相关方组织，保证矿业开发决策中利益相关方参与的透明度和社会责任。

关于提高社会责任，WAMSSA 提供了范例，其向克服犬儒主义迈出了微小却又重要的一步。利比里亚和塞拉利昂的利益相关方十分赏识 SEA 过程，认为其有潜力“使决策远离矿业公司和政府”（World Bank，2010）。事实上，大型矿业公司常常直接地、秘密地同政府进行合同谈判，试图协商获得开采矿藏的有利条件。虽然强势的利益相关方有权根据他们自己的条件进行谈判，但是对社会责任机制的公共承诺，如多利益相关方程序，会使矿业公司（甚至可能是政府）对诉诸双边谈判而感觉到尴尬。

关于政策学习，许多受访的利益相关方人士认为，数据共享是政策战略环境评价过程的一个有用方面，政策学习也因此得以促进。此外，论证会期间在塞拉利昂对利益相关方的采访证明，WAMSSA 引发了对高层政策发展的新思考。例如，来自几内亚的制度利益相关方肯定地认为，WAMSSA 将为解决该国矿业部门外的环境和社会问题提供方法论指导。

三、限制或促进性因素

第二章识别出的 6 个限制或促进因素中，有 3 个在 WAMSSA 中非常明显。首先，在这一试点中，民间社会组织对政策对话拥有很大的所有权，这一情况是不多见的。

其次，权力精英。SEA 团队进行了广泛咨询，这为矿产政策在几内亚、利比里亚和塞拉利昂等国区域一体化的实现提供了有力支撑。咨询的结论认为，大部分利益相关方支持区域一体化。但是，正如评估者指出的，少数不支持这一想法的利益相关方可能更强势。至少四大精英利益集团不认为区域一体化发展对他们有利。这三个国家的资深政治家和高级矿业部官员，经常被指责有寻租行为。集群发展和区域一体化的举措往往使得管理系统更加透明，可能会威胁到他们现在拥有的自行决策特权。

最后，挑战权力精英的一个最有趣例子是 WAMSSA 试点中提出的多利益相关方框架。如果这一框架被 WAMGP 干预措施接受，那么它将确立一个长期的支持机制，其定位于现有国家和区域制度之外，使之对政府具有产生持久影响的潜力。2009 年 12 月 3 日，在瓦加杜古举行的一次 WAMGP 咨询会议中，各国支持把 WAMSSA 的多利益相关方框架作为 WAMGP 责任框架的基础。

四、结论

建立 WAMGP 和 WAMSSA 之间的工作联系是 WAMSSA 所取得的成果之一。WAMSSA 所取得的成果还包括：通过开展广泛的项目咨询政策对话，促成了区域一体化概念的普遍接受；为寻求矿业部门发展机会所做的基础工作，支持了矿业基础设施建设的想法；确立了提高矿产资源管理透明度和责任感的基础。

但有些局限也值得一提。首先，报告可能夸大了对区域一体化的支持。根基深厚的利益相关方，尤其是那些存在寻租行为的利益相关方，在完全理解到区域一体化将使矿业政策更为透明，进而威胁他们非法获利后，很可能会反对区域集群发展。

其次，虽然 WAMSSA 确实讨论了手工采矿问题，但把矿业集群纳入区域一体化的改革方式，显然更侧重于大型和小规模矿井。这本质上将手工采矿剥离出了这一新的平衡。因为解决手工采矿问题所需要的方法差异很大，因此，这一部分内容本不应该包括在 WAMSSA 过程中，而需要对其进行单独、专门的研究。

最后，大型矿业公司一直存在加入政府双边安排的倾向。而双边安排的结果对当地公众和弱势群体来说往往不是最好的。虽然西非矿业部门战略评价确实试图将矿业公司纳入政策对话过程，但实际参与的并不多。这一局限可能需要更多的努力才能克服。

第四节　达卡都市发展规划战略环境评价

达卡是世界上 10 个特大城市之一。达卡市区的人口增长非常迅速，预计 2015 年将达到 2 100 万人。城市的高速发展、急剧变化的市容和日益凸显的环保问题，都要求对城市进行整体规划，提升城市发展制度建设和良好的管治。在此背景下，2006 年，达卡首都发展局（RAJUK）开始制定区域详细规划（DAPs），它也是达卡都市发展规划（DMDP）的最基础层面的规划。

为将环境因素纳入 DAPs，加强 DAPs 的战略指导，世界银行和 RAJUK 委托了这项 SEA 任务。同时，SEA 还兼具通报世界银行达卡环境和水资源综合管理计划（DIEWRMP）准备情况的作用，该计划的主要目的是强化污染综合管理、减少工业污染向大达卡流域的排放。DIEWRMP 希望吸取本项 SEA 在流域产业发展的相关制度责任和规则方面取得的研究成果。

一、试点简述

孟加拉国政府认为，SEA 能增加正在开展的本地层面规划（DAPs）中技术性产出的产值。因此，该项 SEA 试图为决策者、计划者、利益相关方、大部分公民社团提供一个对话和互动平台，以识别环境优先事项并分析该都市发展规划对环境优先事项的影响方式。该SEA研究开始于2006年，完成于2007年。最初，它以完成传统的“以影响为中心、兼具一些制度分析”为工作目标。但随着DAPs准备工作的推进，制度框架方面的诸多限制因素迫使SEA的分析重点发生了变更。DMDP更高层次规划中，没能提供DAPs所需要的战略指导；同时，城市发展框架被高度分解，由众多政府机构共同承担各自任务。因此，SEA的目标调整为主要关注制度和管治条件，为DAPs的准备过程提供整体指导。

本项SEA分析内容由以下三个重点方面构成：

① DMDP所涉及的区域主要环境问题分析。这一分析主要依据各种公开出版的研究报告和文献，并分析他们与政策、立法和计划之间的联系。

② 从战略层面对现有城市规划和规划过程的完备性、完整性进行评价，以提出规划和管理层面的建议。

③ 对正在开展的DAPs编制程序的效果进行评价。总结RAJUK的设计和技术规划能力，分析采取哪些干预措施有利于实现城市的整体管理，识别和确定RAJUK需加强的领域和面临的需求。

对政治经济问题和城市发展的历史问题只是做了间接和浅层次的制度分析。例如，分析中没有说明城乡迁移背后的驱动力，以及由此导致的城市中非正式定居点的增长，而非正式定居点的生活条件极为艰苦。SEA成果主要解决了两大主题：总体计划和战略层面计划框架的组织机构中存在的缺陷；实施过程中的各种问题。SEA提出的对策建议主要集中于改善区域详细规划的编制程序。

SEA所实施的公众参与包括：一对一会面、最初的利益相关方研讨会、同DAPs技术管理委员会的宣传会、部门层面的利益相关方研讨会、6次DAPs区域会议和最后的咨询研讨会。2009年，为开展评估对利益相关方进行的采访表明，大多数人对SEA过程及他们在其中参与的工作只剩下了模糊记忆。那些记得参与过程的人员表示，除了其他方面，研讨会方面存在的不足包括：会上提供的信息不足，咨询目的不明确，研讨会互动性不强和咨询过程过短等。

二、SEA 成果

由于限制因素（主要是所有权缺乏）的影响，达卡试点没有完全达成政策战略环境评价的预期结果。环境优先事项识别结合了 SEA 团队的分析评价和选定的利益相关方（政府和民间社会组织）环境关切的排序。脆弱性和健康方面的问题没有被列入分析排名的考虑范围，识别出的环境优先事项也没有在 DAPs 的调整中得到反映。

本 SEA 提高了 RAJUK 内部的一些认识（虽然这些认识很有限）。这些认识包括：实施环境评价的必要性，以"整体系统"的观点指导规划和城市发展等。世界银行的国家办事处和 RAJUK，现在都认可应通过不断的技术协助强化 RAJUK 的内部能力发展。

最终，该 SEA 通报了政策公告的准备过程，尽管在 2009 年对试点进行评估时政府还没有最终决定公布。

三、限制或促进性因素

针对这一试点中影响 SEA 有效性的限制和促进因素，下文做简要讨论。

1. 机遇

评估人员认为，基于当地背景，DAPs 的准备过程没能为政策战略环境评价介入提供合适时机。第一，尝试以空间规划作为大尺度政策改革切入点的做法，使 SEA 更难以了解达卡城市退化的根本原因。第二，事实表明，RAJUK 的角色相当复杂。作为试点的推广方，RAJUK 自己盈利，不依赖政府财政资金，因此，它对更高级管理层缺乏责任心。同时，RAJUK 与私营企业联系紧密，削弱了它对制度改革提出建议的责任和积极性。最后，孟加拉城市（国家也一样）的管理环境高度政治化。这一状况对 SEA 的地方所有权产生了影响，导致 DAPs 的准备过程缺乏整体性。

2. 所有权以及对政策战略环境评价风险利益的理解

达卡试点项目表明，早期阶段能否掌握所有权，部分取决于确定的伙伴方或政策支持者的如下条件：具有充分的理解能力和参与培训的能力来理解 SEA 概念；具有思考 SEA 结果和建议的积极性；具有将 SEA 纳入政策形成过程的足够能力。如果伙伴方在政策制定的战略层面，缺乏解决环境和社会问题的经验，那就需要让其认识到 SEA 成果及 SEA 带来的积极影响。本试点项目的经验进一步显示，SEA 团队之外的发展合作机构，应该认识到政策战略环境评价预期结果和建议引发的潜在政治经济风险，从而确保它们能被有效纳入机构的考虑和行动范围内。达卡 SEA 案例所提建议对世界银行项目和政策的影响非常有限。

3. 咨询利益相关方

由于 SEA 存在对弱势群体利益没有特别关注的缺陷，因此，仔细、全面的利益相关方分析非常必要。这一分析对象应涵盖各种类型的弱势群体，从而达到政策战略环境评价的目标。此外，它还强调，政策战略环境评价的目的必须清楚地传达给咨询方，向他们提供清晰的参考资料，并提供充分的方法论指导和培训。

虽然对达卡城市发展感兴趣的民间社会组织数量有限，但充满了活力和影响力。他们和媒体联系紧密，其中一些似乎还与政客相关。似乎他们对环境问题和城市综合发展的重要性已具备了一定的认识。

一方面，该项 SEA 咨询过程，为这些群体提供了集体讨论城市环境问题的场所，使他们有机会将自己的观点告知决策者。另一方面，对另一些人来说，SEA 咨询很可能只是众多研讨会中的某一次而已。

低估民间社会和政府代表在 SEA 过程中的作用，忽视向咨询参与方提供反馈，这样的做法不利于 SEA 提高责任感以及环境支持群体潜力的发挥。

4. 后续工作

在支持群体的强化方面，由于咨询有限，个体思考和相互理解的时间不足。此外，由于最终的 SEA 报告没有在利益相关方中进行宣传，通过提供学习、倡导和责任制工具来强化环境支持群体建设的机会白白错失了。

四、结论

政治系统发达而管理系统薄弱是影响环境管理有效性的主要限制因素。在这样的国家背景下，制度改革是解决环境退化问题的关键。缺乏管理自然资源和污染行为以及强化现有管理制度的能力和主动性是环境退化的根本原因（而非过度开采或污染本身），对此点的认识是非常重要的。鉴于这一事实，政策战略环境评价的目标是与现实相关的。

政策战略环境评价或其中部分内容，可以被开发合作机构用来作为研究战略方向的工具，为国家或部门发展提供支持。但是，为了保证开发合作有利于可持续发展，还需要一些方法来筛选政策战略环境评价的建议，并把它们及时纳入相关过程及战略文件。这一要求既适用于进行 SEA 的国家，又适用于发展机构的系统。进一步来说，它还要求在国家/部门决策背景下合理利用机遇，以作为 SEA 的切入点；国家级合作伙伴和开发合作机构本身拥有所有权；SEA 实践可作为环境纳入主流考虑的长效机制构建的起点。

第五节　肯尼亚森林法案战略环境评价

多年来，肯尼亚的森林立法和实践，未能保护好该国的原始森林，也未能保证种植园及其他林地的可持续利用。大部分生活在森林的部落感觉处于弱势，被排除在森林管理之外。此外，该国还有缺乏管理、滥用职权的历史。2005 年，一项新的法案得到了议会批准和总统支持。为解决以前的问题，这一森林法案囊括了许多创新性规定，包括强调合作的重要性、森林使用权下放、国家和地方层面组织制度变革、允许当地社区参与和鼓励私人投资等。它还将木材管理的概念，扩展到了农场林业和旱地森林方面。新立法的采用和半自治性肯尼亚森林服务（KFS）机构的建立，为解决过去的不平等问题，改善肯尼亚森林、树木、林地质量和可持续性提供了契机。

2006—2007 年，肯尼亚森林法案 SEA 的作用是，识别并强调改革过程中各项活动应关注的领域，从而取得真正、持久的环境社会效益。该项 SEA 的另一个目标是通报世界银行和肯尼亚政府之间自然资源政策对话的情况，并将其纳入世界银行自然资源管理项目的准备工作之中。

一、试点简述

SEA 团队与森林改革委员会和秘书处（由环境和自然规划部成立）进行了紧密的合作。

SEA 工作的一个关键方面，在于其对利益相关方参与的依赖。SEA 应开展广泛的利益相关方咨询，通过研讨会和一对一讨论的方式，使利益相关方积极参与进来。这种咨询在确定待解决的关键问题和优先活动计划中是非常重要的。该项 SEA 还对两块森林区域的条件进行了调查：洪柏（Hombe）森林和鲁穆鲁蒂（Rumuruti）森林。

SEA 通过对政治经济及其他现状的快速评估，对当地情况作出反应。这一系列主要活动主要包括以下四个阶段：

① 初始阶段，筛选和确定范围，包括对肯尼亚森林部门相关的政治经济情况进行快速评估。此外，还确定了利益相关方，并明确了下阶段应考虑的环境社会问题。

② 对现状评价提供基线描述，内容包括实施森林法案需要考虑的管理、制度、经济、社会、环境因素。

③ 环境政策优先领域设置由利益相关方通过两次研讨会完成。第一次研讨会中，对法案实施相关的森林方面的关键问题进行了讨论。而第二次研讨会上，对各项评价结果一起讨论，与会者对行动优先领域进行商定。

④ 政策行动矩阵（PAM）准备工作是 SEA 的最后阶段。在确定相关的政策问题和优先领域后，政策行动矩阵开始制订行动计划清单。清单中明确列出各项行动的时间表、标志性工作、利益相关方、预期成果、过程进度和行动责任方等。这些行动将在第三次研讨会上进行讨论，旨在获得利益相关方实施各项措施的承诺。

二、SEA 成果

评价传达出的明确信息是，SEA 过程提高了对环境优先事项的关注，强化了适当处理环境优先事项问题的要求。主要环境优先事项包括：对流域和生物多样性的保护；可持续林业管理（尤其是对干旱和潮湿森林的管理）；支付森林和森林生态系统提供的环境服务等。但是，环境评价本身相当浅显，没有详细说明肯尼亚森林资源的复杂性。

评估还发现，SEA 有助于强化支持群体建设。通过使当地和影响力较弱的相关方（如非政府组织、社区组织、地方社区代表）参与到 SEA 进程，为讨论和确定行动优先领域创造了一个更加公平的环境。除了 SEA 的一般效应外，本战略环境评价更重要的意义在于，通过采纳和实施森林法案，强化了支持群体建设。这一法案呼吁，对当地社区参与森林管理应给予更高期望，鼓励民间社会和非政府组织组建社区林业协会，支持地方社区在当地森林管理中承担更多责任等。

鉴于肯尼亚历史上曾对森林资源管理不善，有必要强化相关责任机制，使政府和其他利益相关方根据其对森林的使用承担相应责任。该项 SEA 举办的相关方研讨会和公开讨论中，不仅对责任问题进行了讨论，还鼓励提高社会责任感的行动。在 SEA 的背景下，提高社会责任感，最具体、可操作的做法是形成了 PAM。这一工具定期更新并发布于互联网上（http://www.policyactionmatrix.org）。它提供了一种全面、灵活、方便的框架，使利益相关方、政府和其他相关方明确了各自承担的责任。

评价中，大部分受访的利益相关方认为，他们在参与 SEA 时得到了个体学习。他们还从与广泛参与者和利益相关方的讨论中了解了 SEA。但是，评价显示，SEA 的时间和参与者的数量极为有限，未能促成更宽泛的政策基础学习。虽然如此，森林管理新政策的学习机制已经形成，这可由当地社团对森林使用的浓厚兴趣和快速增长的社区林业协会注册量上得以证明。

作为 SEA 的结果，与其同步开展的世界银行自然资源管理项目，更重视森林管理中的管治问题和社群参与。但是，由于缺乏为 SEA 后续工作储备的资金和人力资源，以及世界银行和肯尼亚政府的员工变动，自然资源管理项目没有达到肯尼亚利益相关方的预期，即世界银行未能持续参与到林业部门改革中。不过，该项SEA影响了世界银行在肯尼亚之外的活动，包括其他林业部门层面的SEA设计，以及与森林碳伙伴基金相关的战略环境和社会评价指南的起草工作。

三、限制或促进性因素

1. 介入时间

虽然评价的受访者对SEA介入时间的看法不一致，但显然应在政策变革机遇存在的时候进行。但是，如果在制定森林法案的过程中（而不是过程后）介入，且为法案的实施提供后续支持，那么SEA的影响力会更大。

2. 所有权

SEA由世界银行发起并提供资助。虽然有人曾尝试把SEA与政府实施森林法案的规划过程相联系，但是SEA的所有权仍然在世界银行手中。许多利益相关方认为，世界银行还没有达到SEA的预期。他们本希望世界银行会加大力度，支持林业部门改革，进行更多PAM和实施SEA所提对策建议的后续工作。此外，有些重要因素在世界银行和SEA团队控制之外，它们降低了肯尼亚政府对 SEA 过程控制权的比例。尤其明显的是，SEA完成后，林业改革委员会和秘书处的废除，导致了人员变动和SEA支持者的流失。

3. 资源

有限的资金和人力资源，使得SEA成果和对策建议的后续实施工作遇到了严重的障碍，严重制约了SEA的有效性。一个更广泛的背景因素是林业的原管理部门被KFS取代。原林业部门引发的政治干扰，使得KFS难以提供资金跟踪PAM及森林法案的实施。因为大多数的KFS员工来自原林业管理部门，公众对KFS的看法难以转变，认为KFS和原林业管理部门一样，效率低下、管理不善。这一情况部分说明了财政部和捐助方支持资金数额较低的原因。此外，这还是引起反对解禁伐木的政治阻力之一。在没有阻力的情况下，这一举措本可以为KFS提供资源。

4. 政治承诺

肯尼亚林业部门改革高度政治化，它触及高层根深蒂固的既得利益。历届政府都把林业作为赞助形式用于政治回报。因此，在这样的政治环境下，SEA 试图将环境和社会因素纳入改革的雄心很具有挑战性。超出 SEA 团队控制范围，但仍对实施森林法案有明显影响的因素包括：2008 年年初选举后发生的暴力事件，随后的政府重组，以及近期高层对茂（Mau）森林的政治关注。

在这一背景下，如果想取得成功，对 SEA 来说，促进更持久的变化过程（通过所有权的掌控、资源的控制、后续跟踪工作和其他方式）是至关重要的。许多利益相关方表示，SEA 作为一种干预措施经常被打断。在它完成之后，仍然需要持续、长期的参与和对评价结论进行的后续跟踪工作。但实际上，这些在 SEA 完成后都没有进行。

四、结论

肯尼亚森林法案 SEA 在以下几个方面具有影响力：它将规划者掌握的森林法案及其目标宣传到了广大公众层面；它集中了分散在机构、部委和其他主要利益相关方中的看法和意见；它为民间团体对实施森林法案的倡议创造了公平条件。该 SEA 还表明，需要推广参与性森林管理，并为其提供指导，同时，SEA 推进了社区林业协会的形成和森林管理计划手册的准备工作。对一些利益相关方，尤其是那些属于民间社会组织的相关方来说，研讨会为他们表达自身的关切提供了重要平台。该项 SEA 促进了对新森林法的复杂性、挑战和机遇的理解。它还强调要重新考虑肯尼亚的森林管理，注重为可持续林业管理设计创新型工具。整体而言，SEA 促进了利益相关方的广泛参与（尽管不是全部），推动了环境优先事项的设置工作，并强化了支持群体建设。一些利益相关者认为，SEA 提高了（政府的）责任感，强化了主要利益相关方的学习。但是，由于对森林改革过程的政治支持有限以及 SEA 相关的后续跟踪工作不足，SEA 所发挥的这些作用未能充分保持。

第六节　马拉维（Malawi）矿业改革快速集成战略环境和社会评价

2009年7月，世界银行完成了一项在马拉维的矿产部门总结（MSR），目的是通报马拉维矿业改革进程，确定世界银行在该部门改革中的参与程度。2008—2009年，作为这项总结的一部分，进行了一项快速集成战略环境和社会评价（快速SESA），主要目的是分析矿业部门的环境和社会管理框架。这一快速战略环境和社会评价还试图把关键的环境和社会因素纳入正在进行的关于马拉维矿业政策的讨论，及世界银行和马拉维政府间关于矿业改革的沟通中。

一、试点简介

历史上，采矿业在马拉维的重要性有限。然而，大规模的采矿工作，包括铀矿开采，最近已开始，并且表现出对未来投资有巨大的吸引潜力。马拉维在管理与大型采矿业相关的环境和社会风险、机遇方面本来就能力有限，采矿业的发展使得它更加捉襟见肘。

这一快速SESA的目的，是要把环境和社会问题纳入马拉维政府和世界银行关于矿业部门改革的初始交流中。此外，快速SESA还旨在向民间社会利益相关方和采矿业开放对话，从而建立起主要政策参与者间的互信。这一快速SESA分为两个阶段：第一阶段通过网络信息收集和分析以及同相关方代表进行的一对一访谈，形成了一项对现有系统在采矿活动中的环境和社会问题认识的评估草案。第二阶段通过2009年3月17—18日在利隆圭（Lilongwe）举行的一次研讨会，将利益相关方组织在一起，对SESA第一阶段的初步结果和马拉维的MSR初稿进行研讨和论证。

预期认为，快速SESA之后，将会启动完整的SESA，该评价由世界银行发起，在矿业部门改革准备项目中实施。这一快速SESA由政策战略环境评价专家大约在20天内完成。

二、SEA 成果

快速 SESA 的结果，与其有限的工作范围一致，是阶段性的而非持续的。因此，为持续加强制度和管理能力，需要运用更为彻底的方法。尽管如此，评估发现，快速 SESA 为取得更广泛的成果奠定了基础。

在马拉维，与矿业部门发展相关的环境和社会优先领域，在过去几年间一直高居政治议程之中。尤其是马拉维的第一次大规模矿业开发——卡耶勒科热（Kayalekere）铀矿，它激发了民间社会组织、政府和矿业公司间关于铀矿的社会和环境风险的对抗性对话。基于利益相关方访谈，快速 SESA 有利于提升对环境优先事项的关注。主要环境优先事项（引自受访者，排名不分先后）包括：a．铀矿和小型煤矿开采引起的水体污染；b．铀、煤、石灰石采矿中的职业健康和安全问题；c．煤矿和石灰石采矿引起的大气污染；d．生物多样性丧失和生态系统服务功能退化的风险，铀矿开采的废水进入河流系统，进而流入马拉维湖的风险。但是，有一点很明显，就是利益相关方对与采矿业相关的环境优先事项的风险、相关性和重要性等，均持有不同的观点。

据报道，马拉维的 MSR 和快速 SESA 在具体矿址或与特定采矿业相关的支持群体建设方面取得了一定成效。但是，成效的影响主要是暂时的，且随着评价结束会逐渐淡化。此外，对一些支持群体建设的强化起点较低。尽管如此，作为马拉维的 MSR 的一部分进行的咨询，尤其是利益相关方研讨会，还是对强化某些支持群体的建设做出了贡献。据报道，研讨会在参与者间建立起了一个公平竞争的平台，它鼓励一些较弱的社区或非政府组织在矿业部门的开发和具体矿业开采（如卡耶勒科热铀矿）中拥有更强的话语权。但要使这一影响能够持久，那还需要：a．总结强化支持群体建设的必要工具和干预措施；b．加强支持群体能力建设，使其达到预期的目标，拥有广泛的基础。

在互不信任的背景下，收集和共享有关快速 SESA 中主要环境社会问题的信息，对提高责任感发挥了重要作用。受访的民间社会代表说，他们非常希望拥有和利益相关方参与研讨会、与政府和选定的私营企业代表对话的机会，希望在这方面可以有进一步举措。他们还支持报告中提出的如下建议：调查采掘业透明化倡议中马拉维潜在成员关系，将其视为提高责任感的重要方式。

总体而言，采矿活动的迅速发展已经激发了个人和组织进行新知识和新业务的学习。对政府官员的采访表明，对以下内容的理解力得到了增强：a. 促进部委间协调的必要性，以对矿业部门风险和机遇进行管理；b. 民间社会组织加入开发过程的必要性；c. 建立矿业和当地社区利益分享机制的必要性。在这一学习过程中，马拉维的 MSR 的作用难以定位。但有一点很明确，马拉维的矿产部门审查和快速 SESA 是学习的推动力，因为它们概述了国际上的良好实践，指明了马拉维矿业部门改革面临的主要机遇和挑战。在利益相关方互不信任、存在价值冲突的背景下，对话和协商对学习来说和新知识一样重要。利益相关方研讨会为这方面的对话和学习，提供了一个虽然有限但很重要的平台。

三、限制或促进性因素

快速 SESA 及时把握了时机，即新的采矿部门立法和政策及其调整后的增长和减贫战略制定过程之中。

该 SESA 是更广泛的马拉维 MSR 的一部分，因此，环境和社会关注部分也是主要矿业部门改革优先领域整体评价和相互对话的一部分。可以说，这种综合方法降低了边缘化环境评估结果的风险。但是，由于自然资源、能源和环境部既负责矿业部门发展，又负责环境保护，因此，改革过程中它有可能会倾向于重视矿业部门发展的活动，而忽视 SESA 强化环境社会管理实践的建议。

报告认为，一些政治经济因素（如采矿部门的既得利益）限制了环境安全型采矿作业的发展、利益的广泛分享和当地社区权利的获取。还值得一提的是，快速 SESA 完全集中于正式制度，而没有重视非正式制度。事实上，应对传统领导和当地社区的观点和作用给予更多的关注。

最后，虽然快速 SESA 提出了许多中肯的建议，但一个关键问题是，这些建议没有恰当地传达给利益相关方。另外值得注意的是，马拉维的矿业部门审查和快速 SESA 在本质上是阶段性的。如果快速 SESA 遵循的是更为全面的评价过程，那它可以作为矿业部门纳入社会环境因素的重要踏脚石，或议程设定方法。目前，马拉维政府已请求世界银行提供矿业技术援助，支持采矿业改革。在其他的采矿技术援助项目启动阶段，政府往往打算在矿业部门实行完整的 SESA 项目。

四、结论

综上所述，快速 SESA 是及时的，它是马拉维 MSR 的一部分，强调了要解决的主要问题，为推动矿业可持续发展起到了一定的作用。但是，一项更实质、全面的环境和社会评价应紧随其后，从而加深对与矿业部门发展相关的环境和社会影响的理解。更深层次的利益相关方分析和更加彻底的咨询过程，也许更有利于达到政策战略环境评价的预期效果。但是，如果快速 SESA 使决策者（马拉维政府或世界银行）认为，环境和社会问题已经被合理解决，那么快速评价可能被当做一种“绿色托词”用于部门改革中。

附录 B
以制度为核心的战略环境评价：概念分析与评估框架

作者：
Daniel Slunge
Sibout Nooteboom
Anders Ekbom
Geske Dijkstra
Rob Verheem

2005 年，为了测试以制度和政府管治为核心（而非以环境影响为核心）的战略环境评价（SEA）方法，世界银行发起了六个以制度为核心的战略环境评价（I-SEA）试点项目。在对这些项目进行评估的过程中，大家逐渐认识到，从试点项目中观察到的现象和得出的结论适用于面向政策和部门改革的 SEA。因而，在本文件中，“政策层面的 SEA”“政策战略环境评价”“I-SEA”是同义词，可以互相替换使用。

致 谢

本文件受益于三个不同研讨会上的讨论。

第一次研讨会于 2008 年 9 月 8 日在鹿特丹举行，它确定了概念分析应涵盖的主要问题和文献。这次会议由伊拉斯姆斯大学公共管理系承办，与会者包括：Joachim Blatter（卢塞恩大学），Jan Kees van Donge 和 Lorenzo Pelligrini（社会研究院），Fernando Loayza（世界银行），Rob Verheem（荷兰环境评估委员会），Anders Ekbom 和 Daniel Slunge（哥德堡大学），Arwin van Buuren、Steven van der Walle、Geske Dijkstra 和 Sibout Nooteboom（伊拉斯姆斯大学）。

第二次研讨会于 2008 年 10 月 27—28 日在哥德堡举行，它讨论了第一份报告草案并指出了存在的主要差距。这次会议由哥德堡大学经济系承办，与会者包括：Kulsum Ahmed 和 Fernando Loayza（世界银行），Maria Partidario（里斯本大学），Neil Bird 和 John Young（海外发展研究所），Måns Nilsson（斯德哥尔摩环境研究所），Anna Axelsson 和 Mat Cashmore（瑞典环境影响评价中心），Rob Verheem（荷兰环境评估委员会），Sibout Nooteboom（伊拉斯姆斯大学），Anders Ekbom 和 Daniel Slunge（哥德堡大学）。

第三次研讨会由世界银行于 2009 年 6 月 12—13 日在华盛顿特区举办，重点是对报告的内容进行讲演，与评估者讨论报告，并修改评估方法。与会者包括：Fred Carden（国际发展研究中心），Ineke Steinhauer（荷兰环境评估委员会），Anna Axelsson 和 Ulf Sandström（瑞典环境影响评价中心），Anders Ekbom 和 Daniel Slunge（哥德堡大学），David Annandale 和 Juan Albarracin-Jordan（顾问），Kulsum Ahmed、Fernando Loayza、Dora N. Cudjoe、Setsuko O. Masaki 和 Sunanta Kishore（世界银行）。

各位同行在研讨会上针对各版报告草案都提出了许多宝贵意见，为本报告内容的形成提供了巨大帮助。

最后，对瑞典国际开发合作署和荷兰开发合作署（通过荷兰环境评估委员会）提供的资金支持深表感谢。

执行摘要

本报告对“以制度为核心的战略环境评价”（Institution-Centered Strategic Environmental Assessment，I-SEA）的理论和方法进行了探讨，并为世界银行I-SEA试点项目的评估工作提出了一个指导性框架。本研究主要服务于政策层面的战略环境评价，但希望其成果对规划和计划层面的战略环境评价也有所裨益。

正如世界银行（2005）和Ahmed及Sanchez-Triana（2008）所述，I-SEA的主要目标是将关键环境问题融入（部门）政策拟订和实施过程。为此，世界银行认为在SEA中，尤其应关注“制度”所扮演的角色。

本报告分为三部分。第一部分介绍I-SEA概念模型，它由以下六大步骤构成：

一、理解所在国家或地区的部门（或主旨）政策的形成和拟订过程。我们认为，政策形成（Policy formation）是一个连续性过程，它没有明确的起点和终点；而政策拟订（Policy formulation）是政策形成过程中的一个离散的（且具有时限性的）阶段，是干预政策的最佳时机。I-SEA所要研究的就是，如何利用这一时机，将环境考量融入进来。

二、建立对话。目的是广泛召集可能与拟议政策有关的利益相关方，讨论拟议政策可能带来的环境问题。

三、通过“现状分析”和“利益相关方分析”，识别出关键环境问题，从而为对话提供信息。“现状分析”可识别出部门存在的关键环境问题，而依据这些关键环境问题，“利益相关方分析”则识别出正当的（legitimate）利益相关方。

四、设定优先环境事项。邀请正当的利益相关方就“现状分析”的结论发表看法，提出具体的需优先关注的环境问题，并选择I-SEA的优先事项。

五、制度分析。分析现行制度的优点和缺点、约束和机遇，以应对优先环境事项。

六、针对拟议政策及其背后的制度提出调整建议。

围绕以上六个步骤，报告的第二部分对相关研究文献进行了综述：

在“理解政策过程”部分，梳理了关于政策过程的几个比喻，例如，政策制定是理性的线性规划过程，是一个循环过程，是一种网络模式；政策制定是一套行动流程。从业者应该根据不同的政策过程特点，对I-SEA方法做适当调整。I-SEA通过召集利益相关方进行对话和互动，并将多样化的观点引入政策过程，从而有助于解决复杂的社会问题。

在“识别优先环境事项”部分，总结了关于“设定优先环境事项”的多种观点，并强调环境领域的优先事项同其他领域（政治、社会、经济等）的优先事项，共同构成了一个社会的优先事项集合。设定环境领域的优先事项时，必须统筹考虑其他领域的优先事项。确立优先环境事项时，不应片面听从专家或公众的单方面意见，而应将二者结合。报告还强调I-SEA团队应当解答以下几个问题：与设定优先环境事项相关的政治经济因素有哪些？谁决定环境管理中的优先任务？谁设定环境议程？

在“提高利益相关方代表性”部分，我们指出，加强利益相关方的代表性，是在政策拟定中能够统筹考虑环境和社会诉求的关键。社会利益诉求和偏好的多样性，以及政策过程的复杂性，决定了无论是在政策规划和决策环节，还是在政策实施环节，都充斥着大量相互冲突的利益和观点。在政策拟订过程中，尤其应注意保证弱势或边缘群体的代表性。一般来说，对支持群体和组织机构的发展予以扶持，从而实现良好的、透明的政府治理模式，有助于实现以上目的。具体在I-SEA领域，由于I-SEA推动了更广泛的多利益相关方参与到政策规划和实施过程中，因而有助于提高利益相关方的代表性。

在“分析制度的能力及制约因素”部分，我们指出，实施以制度为核心的战略环境评价，要对制度的能力及其制约因素加以分析，提出强化制度能力的措施，形成将环境考量融入政策规划和实施的制度保障。North（1994）指出，制度可由正式约束（如规章、法律、宪法）和非正式约束（如行为规范、习俗惯例、行动守则）组成。非正式约束的改变极为缓慢（这点与组织机构不同），受到社会资本（如信任、共同价值观、宗教信仰）的强烈影响。制度评价的主要内容包括：制度接收社会与环境问题信息的能力，赋予公民言论权的能力，促进社会学习和公众响应的能力，协调各方利益以促成妥协和共识的能力，以及依照共识出台和实施解决方案的能力。为使环境因素融入政策拟订过程，战略环境评价必须识别和理解关键制度所扮演的角色，评估进行制度改革的必要性和成功的可能性。

在“增强社会责任”部分，增强社会责任包括：确保公众参与到政策拟订中，鼓励公众发表意见，促进公众获知信息和获取公平（尤其对弱势群体而言），推动公众进入重大规划和决策领域。无论是一般情况下，还是在I-SEA过程中，增强社会责任的关键途径是（在国家和公众之间）建立一种迭代性机制（iterative processes），公众可借此评价政策的实施，确保国家对社会和相关利益方担负起责任，促使政策规划朝着适应公众利益和需求的方向前进。

在“促进社会学习”部分，我们的基本假设是，国家和政府机构可从先前行动中习得经验，并据此调整当前行动。文中强调，社会学习和其他类型的学习（如技术学习、概念学习和政治学习）共同组成了学习总体。社会学习建立于技术学习和概念学习的基础上，但更注重主体之间的互动和交流。要在“环境融入政策”过程中促进社会学习，就必须理解并运用基于科学研究的证据。在推动社会学习方面，I-SEA 可以做的事包括：a. 将环境问题“政治化”，即将环境问题与更广阔的发展问题联系起来，使环境主管部门的议程与其他权力部门议程融为一体；b. 大力建设政策宣传渠道，提供政策公开议论平台，使各种不同的观点不断进入决策者的议程；c. 建立有效透明机制，支持媒体对政策的拟订和实施进行监督（Ahmedand and Sánchez-Triana，2008）。

基于以上分析，本报告第三部分提出了针对 I-SEA 试点项目的评估框架，其目的是：a. 为各试点项目的评估工作设定共同的目标和通用的方法；b. 形成在 I-SEA 目标、概念和方法论方面的共识；c. 对各试点项目评估结果进行交叉分析。文中提出了一套具体的评估方法体系，包括评估目标、评估步骤、评估时应该提的问题以及撰写报告时的注意事项等。

值得注意的是，我们之所以提出本评估框架，并不是希望其成为评判某一个 I-SEA 项目成败的标准，而是为了帮助评估者学习如何为“环境可持续”而努力影响政策。通过学习已有案例，来丰富和完善 I-SEA 框架，并促进环境因素融入政策形成过程，这是我们的最终目标。因此，本报告的价值取决于，它能否通过全面客观的分析，为评估者提供清晰有效的指导，以便达到以上学习目的。

第一部分　以制度为核心的战略环境评价

一、简介

战略环境评价（SEA）源于项目环境影响评价（EIA）向规划、计划和政策层面的延伸。目前，许多 SEA 项目仍然沿用 EIA 的方法，主要着眼于评价“环境影响”。然而，此类方法，尤其对政策层面的 SEA 而言，其局限性已引起共识和许多反思（Ahmed and Sánchez-Triana，2008；Fischer，2007；Partidario，2000）。对此，诸多学者相继提出了其他形式的 SEA 方法，并针对各自优缺点作了比较研究。例如，Partidario（2000）对“以决策为核心的 SEA 模型”与传统的基于 EIA 的方法进行了比较；Fischer（2007）对“政府领导的 SEA”和“内阁 SEA”进行了比较。

在以往将环境考量融入开发政策的工作经验上，世界银行正式提出了“以制度为核心的战略环境评价”（Institution-Centered Strategic Environmental Assessment，I-SEA）（World Bank，2005；Ahmed and Sánchez-Triana，2008）。I-SEA 理论研究和实践工作主要受以下两方面因素的驱动：a. 世界银行贷款政策由“项目贷款”向“开发政策贷款”偏移（World Bank，2004），战略环境评价成为世界银行的环境战略重心（World Bank，2001）；b. 经济合作与发展组织（OECD）发展援助委员会（DAC）发布了战略环境评价指南（OECD DAC，2006），并建议采用 I-SEA 方法，来评价政策中的政治、社会和环境间的复杂关系。I-SEA

核心思想是，放弃评价各种政策替代方案可能造成的环境影响，转而评价与环境和社会治理相关的各种制度以及政府管治体系，以期使政策层面的SEA真正发挥效用。然而，正如OECD DAC（2006）的SEA指南所述，SEA的实施方法是多样的，且其效果取决于项目能否持续开展。对于政策层面的SEA来说，以制度为核心的评价方法可能是合适的；而对于其他层面的SEA，以环境影响为导向的评价方法可能更加适用。

鉴于传统方法的局限性以及新的I-SEA方法尚有待研究完善，世界银行启动了一批SEA试点项目，主要目的有两个：a. 在世界银行支持的政策和部门改革中，推动“环境和社会考量”成为主流；b. 在不同的地区、国家和部门中测试和验证I-SEA方法。

1. 范围

本报告提出的概念分析和评估框架是世界银行SEA试点项目取得的部分成果。该项目的评估工作由世界银行组织，参与单位包括：哥德堡大学经济学院环境经济学部、瑞典农业大学环境影响评价中心和荷兰环境评估委员会（NCEA）。本报告由多位作者合作完成，并经项目成员单位及外部专家的同行评议。同行评议主要通过在荷兰鹿特丹（2008年9月8日）和瑞典哥德堡（2008年10月27—28日）举行的两次研讨会完成。

报告中提出的概念分析和评估框架将用于指导对试点项目的评估工作。为了更好地传播评估工作的成果，世界银行将成立一个专门的指导委员会，其成员主要由发展和SEA领域的专家、发展中国家合作方等构成。委员会将对评价框架和报告草案反馈意见，帮助评估团队传播成果。

2. 目标

本报告目标如下：a. 对“以制度为核心的战略环境评价”的理论和方法进行总结和评述；b. 为世界银行试点项目的评估工作提供总体框架。

本报告主要服务于政策层面的战略环境评价，但希望其成果对规划和计划层面的战略环境评价也有所裨益。在报告中，我们并不打算涉及所有与“战略环境评价和制度”相关的议题，我们只以“I-SEA和试点项目的评估工作”为中心，对有关文献进行综述和评论。

3. 报告结构

本报告分为三部分。第一部分论述了 I-SEA 概念模型的六大步骤。第二部分详细分析了 I-SEA 六大步骤中的有关问题，包括：政策过程、优先环境事项设定、利益相关方代表性、制度能力和限制因素、社会责任以及社会学习。我们将列出针对每一问题的不同观点，并指出这些问题和 SEA 的联系。第三部分介绍了 I-SEA 试点项目的评估框架。

二、I-SEA 概念模型

将环境纳入战略规划和决策，就是要在政策形成过程（具体来说是政策拟订环节）中充分考虑关键环境问题。当一项新政策处于拟订阶段时，考虑并解决关键环境问题的可能性非常高；而一旦政策被正式采纳以后，再来考虑环境则为时已晚（Cohen，March and Olson，1972；Kingdon，1995）。

为了成功地将关键环境问题纳入政策决策中，世界银行（2005）建议在实施战略环境评价时应特别注重“制度”所扮演的角色。此外，为达到环境可持续和（一定程度的）社会可持续的目的，其他问题也值得关注，包括：理解政策过程、识别优先环境事项、提高利益相关方代表性、分析并增强制度能力、分析并缓解制度约束、强化社会责任以及促进社会学习。当然，在针对某一具体（部门）政策实施 I-SEA 时，执行人员应根据具体情况来调整方法，方能达到预期效果。

世界银行提出的“将环境纳入政策规划及实施环节”的 I-SEA 方法，主要由六大步骤构成：

1. 了解政策形成过程和影响决策的时机

首先要做的是了解某一国家或地区特定部门或主题政策的形成过程及拟订环节。如图 1 所示，我们认为政策的形成过程是连续性的，没有明确的起点或终点；但是，政策拟订作为政策形成过程中的一个具有时限性的特定阶段，成为干预政策的最佳时机。这种干预是一种权力行为，其合法性通常由一些政策文件予以保障。就“如何使用权力发布一份公告也是一种权力行为”（例如，颁布许可、分配财产权、授予环境权利等）。

与其他环节相比，政策拟订阶段是对政策施加额外影响的难得机遇。因此，I-SEA 的总体目标是将环境考量纳入政策形成过程，而着重干预的对象是政策拟订环节。

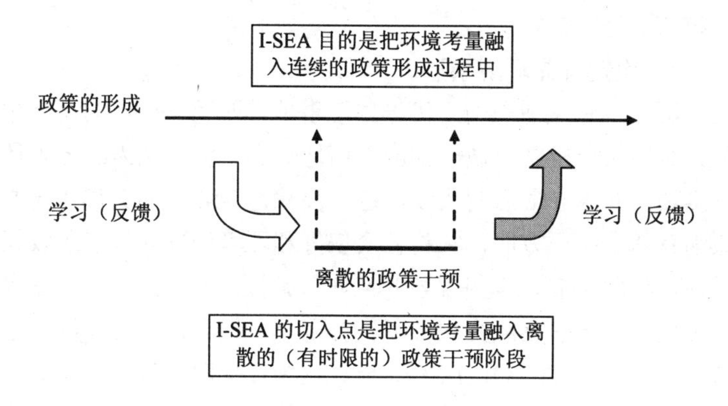

图 1　政策形成过程中的 I-SEA 示意

来源：World Bank（2009）。

2．启动利益相关方对话

I-SEA 的第二步是建立对话，即召集所有利益相关方，讨论拟议政策可能带来的环境问题。“利益相关方”指的是与政策形成、实施及其产生的环境问题有利益关联的社会主体。对话可由跨部门战略环境评价指导委员会（正式/非正式的）负责组织协调。对话的最终目的就是乘机将环境因素融入政策形成这一连续过程，从而制定出新政策或修改现行政策。

3．识别关键环境问题

I-SEA 组织对话、进行评价和提出建议等工作环节始终围绕的一个核心就是关键环境问题。关键环境问题的识别分两个环节：现状分析和利益相关方分析。现状分析就是要鉴别出与特定部门或政策过程相关的关键环境问题。具体来说，我们的任务是判断哪些是本部门或区域已存在的且能够被政策干预解决或缓解的关键环境问题，而不是评价拟议政策或规划可能带来的环境影响。本部门或区域存在的关键环境问题是什么，这是贯穿现状分析的主线。类似地，利益相关方分析要做的是，判别与这些关键环境问题有关联的正当的利益相关方。我们认为，在政策形成过程中，必须要注意发现和倾听这些利益相关方的声音，这对实现环境可持续来说至关重要。因此，我们要回答以下问题：谁是正当的利益相关方（那些声称与自己有干系的人，是否理应被视为正当的利益相关方）？他们的具体利益和动机是什么？

4．设定优先环境事项

第四步是识别和确立优先环境事项，即邀请正当的利益相关方对现状分析结果做出回应，请他们提出各自认为的优先环境事项，并主导最后的决议。这一步骤是 I-SEA 的关键步骤，原因有两个：一方面，它将社会偏好和环境偏好同时引入政策对话，从而影响政策和规划的拟订与施行；另一方面，它在政策过程中力图建立或强化环境支持群体。根据最新的政治学思考（如 Blair，2008），I-SEA 模式认为，受政策过程影响的、以共同环境利益为纽带的群体，正是将环境因素融入政策形成过程的一股中坚力量。没有强力的环境支持群体，政策决策中的环境主流化只能是昙花一现，随政策出台而颁布的法律、总统令或管理条例等，在执行时将面临部分执行、死灰复燃、故意曲解乃至直接无视等风险。

5．制度评价

第五步要求分析制度的优缺点、限制因素和面临的机遇，以便解决第四步确立的环境问题和优先事项。制度分析的对象既包括参与政策拟订和实施的部门和环境机构，也包括对政策相关社会主体起引导或约束作用的正式或非正式规则，例如，财产权和习惯权、决策中权力制衡机制、信息权和公平权等。这一环节要回答的问题包括：在国家、区域或部门中，现行体系、组织机构和制度是如何处理 I-SEA 所确定的优先环境事项的？是否有足够能力来辨识和解决优先环境事项？在落实关于拟议政策的修改建议时，是否有潜规则对其构成阻碍或促进？

6．提出政策和制度调整建议

最后是第六步，对拟议政策，以及影响政策拟订和实施的制度条件，提出修改建议，以便完善政策，促进环境主流化，并弥补制度缺陷（根据制度的优缺点、限制因素和面临机遇，对制度本身进行调整）。修改建议将交回给利益相关方进行审核评估（即验证分析）。

如图 2 所示，经过以上 I-SEA 六大步骤，环境考量融入政策拟订和实施过程的可能性将大大提高。这一过程的成果还包括：a．提高了对优先环境事项的关注程度；b．增强了环境支持群体；c．强化了政策实施过程中的责任机制；d．提高了社会学习能力。然而要承认的是，目标实现的程度还会受项目实施中各种背景因素的影响。

虽然我们建议在推行 I-SEA 时采用以上六大步骤，但是，对于每一步骤具体如何操作，我们不作规定。I-SEA 项目要求执行人员具备抓住政策影响机遇的能力，要有随机应变和灵活处理的能力，还要具备大量的常识。本报告中的 I-SEA 方法其实是在缺乏足够实践经验下的理论构建，其有效性尚待实践检验。这也正是世界银行推行 I-SEA 试点项目的初衷。在第三部分，我们将就试点项目的评估提出一个框架。

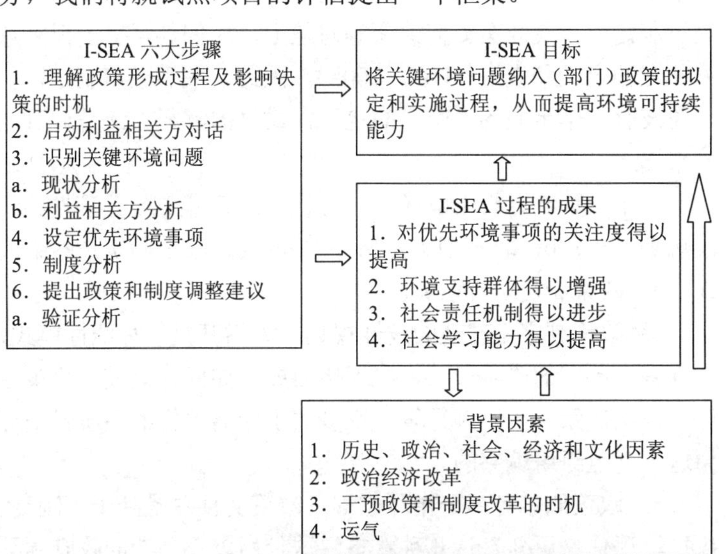

图 2　I-SEA 概念模型：步骤、成果和目标

第二部分　I-SEA 关键问题

在这一部分，我们将详细阐述与 I-SEA 步骤及成果相关的重要问题。我们将列出关于每一个问题的不同观点，然后讨论

I-SEA 过程中处理该问题时应考虑的各种因素。

三、理解政策过程

要想通过 I-SEA 来影响一项政策，前提是先了解该政策的形成过程，以便据此调整所采用的 I-SEA 方法。本部分将讨论政策过程的几个主要特征，并列出通过 I-SEA 影响政策形成时须考虑的几个因素。

1. 关于政策过程的观点

政策可被定义为：依照某一项（或一系列）已颁布并公认的原则而制定的行动方针。关于公共政策的一个定义是，利用国家权力来改变组织或个人行为，从而实现他们对国家的责任或目标（参见 Hill（2005）关于各种定义的讨论）。政策制定是一个多面性的过程，人们对此做过大量分析和讨论。在什么是政策制定，以及政策如何改变等问题上，人们甚至提出很多意见相左的定义和观点（Hill，2005）。因此，关于政策制定，目前还没有一个全面的、唯一的定义，最好的解释方法是通过比喻来描述。

关于政策制定的比喻有以下几个：a. 政策制定是理性的线性规划过程；b. 政策制定是循环过程；c. 政策制定是网络模式；d. 政策制定是行动流。

a. 政策制定是理性的线性规划：意指其是一种线性模式，由许多个不同的“阶段”依次连接而成，如问题定义、政策拟订、作出决策、予以施行等。许多关于影响评价的手册就是遵循这一观点组织编写的。

b. 政策制定是一个循环过程：政策文件总是处于“制定、执行、评估、更新”这几种状态，这是由以“当选的政府领袖向议会报告”为特征的政治过程决定的。法律也有可能在“政策文件的周期性评估与审核”方面作出要求。

c. 把政策制定比作网络模式的意思是：关于资源利用的决策是由不同层级和不同规模的多主体政策网络作出的（如 Kickert，Klijn and Koppenjan，1997）。

d. 把政策制定比作行动流：如果问题人群（抱怨者）、方案提出者（立案者）以及政治党派（选择者）三方协同行动，就可以制造出政策变革的机遇（如 Kingdon，1995）。然而有时候，问题、办法和政党可能进入一种“垃圾桶”困局，真正的解决办法难以出台（Cohen，March and Olson，1972）。虽然政府不能完全控制政策过程，但是他们在政策过程中的角色十分重要，因为他们为不同社会主体的互动和求解创造机会。促成这一局面的因素包括社会学习能力的提高和信任的建立（如 Nooteboom，2006）。

（1）政策过程的模糊性

复杂的政策过程具有模糊性，这很大程度上是由现行法律、政治愿望和目标间相互矛盾而造成的（Ritter and Webber，1973；Schön and Rein，1994）。当然，不确定性和风险因素也是造成或加剧这种模糊性的原因。此外，短期目标和长期目标的冲突，不同目标的相互抵触（如水力发电目标和流域生态功能可持续目标），往往也给政策过程带来模糊性。模糊性还可能由许多固有特性引起，比如制度特征（如权力关系、既定利益）和物理特性（如能源系统在短期难以改变）。这些固有特性的存在，对政策变革机遇形成限制，造成实际结果（生态上不可持续的能源生产）与政治目标（生态上可持续的能源生产）的背离（Beck，1992）。

政策制定过程的模糊性，给理性政策规划带来挑战，也对“运用技术分析手段设定优先事项”带来困难。我们必须要识别和理清模糊性，二者通常交由利益相关方深度参与来解决，利益相关方参与不应拘泥于技术问题，更应关注社会问题（价值偏好、限制、机遇）（如 Feldman and Khademian，2008；Kornov and Thissen，2000）。

（2）技术统治法的风险

前文所述的几个比喻并非互相矛盾，事实上，它们是政策过程多面性的体现。然而，需要强调的是，政策过程是复杂的，这种复杂性的根源在于——政策系统是在“各决策个体皆有限理解”的条件下运作的（见 Herbert Simon，1957，1991，有限理性论）。有两种情况可能发生：a．决策者可能仅凭自己的片面理解（或理性）作出决定；b．决策者认识到政策制定的复杂性，试图综合自己和他人的想法（政策制定是思维战斗），以作出决定。前一种方式下，决策网络的冲突和“垃圾箱”困境成为常态；后一种方式下，“合作”成为主旋律。

前一种方法通常称为技术统治法（technocratic approach），它仅将政策制定理解成理性线性过程或循环规划过程。它既没有认识到复杂政策过程中多主体网络的存在，也没有认识到政策是由一系列行动流构成，而这些行动并不按预先设定的顺序发生。技术统治法容易脱离规划的现实基础和部门（或有关领域）现状，而过分看重政策文件的诞生，因而常常成为无用之功。正如 Gould（2005）指出，在政策制定时过分依赖技术统治法可能导致两个“脱节”：一是政策制定和政策实施间的脱节，即政策文件通常成为无用的“纸老虎”；二是政策和政治的脱节，即政策提案不被政治人士接受。许多学者都强调，要重视政策形成对社会现实和复杂因素的敏感性，要理解政策应当由许多独立主体构成的网络共同决定（所有人都施加不同程度的影响），而且政策形成是一个没有起点和终点的连续过程（如 Feldman and Khademian，2008；Kickert，Klijn and Koppenjan，1997）。

（3）政策过程、权力和知识

把政策制定视为网络模式的观点，通常会论及权力和知识在政策制定过程中扮演的角色及影响力。该观点认为，虽然各主体的影响力大小不一，但权力和知识总归是由多数（而非少数）主体共同掌握的。每一个主体的背后都拴着一大群主体，他们共同构成了一个复杂的社会。这就意味着，某些试图影响政策议程的个体（如精英阶层的领袖），总是受到由大量个体或机构（地方的、国家的或国际的）共同组成的权力网络的制约。没有人能真正单独控制一个体系（部门的发展）。这一观点与“视政策制定为理性过程”的观点针锋相对——后者认为政策是由少数有影响力的主体（通常指决策者和专家）在结构合理、制度到位的组织机构中，经过交流互动而得出的。在多数国家，权力由众多主体共同构成的网络共享（如 Lindquist，2001；Kickert，Klijn and Koppenjan，1997），其范围甚至可能超过诸如中央部委、机构或政府组织所构成的正式体系。因此，有一种“关于政策如何产生”的说法是，政策是由许多主体的小决策汇集而成的大决策。正因为如此，政策问题（随政治目标而定）的解决通常是循序渐进的（Lindblom，1959）。

是否施加影响取决于主要政治参与者的利益考虑；基于共同利益形成有组织的同盟阵线（倡议联盟）是有益的（Sabatier and Jenkins-Smith，1993）。在发展中国家，这样的倡议联盟多由国内和国际组织共同构成。政策过程成为“话语角力场”，各方基于各自选定的立场唇枪舌剑。

渐进式的政策形成过程也是社会学习过程的一部分，在这里，各方（有组织的）利益（“制衡势力”）得以平衡。通过社会学习，大家认识到，需要达到一种平衡状态，防止某一方利益凌驾于另一方之上以至阻挡变革。改革这些公共部门及相关机构（例如，民主国家的立法、司法和行政三权分立体系；规划拟订部门和实施部门的权力划分）非一夜之功，渐进式的行动累加起来将促成质的变化。

（4）政策的实施

实际上，多数政策都面临着执行不力的尴尬（Pressman and Wildavsky，1973），政府制定的官方政策往往雷声大雨点小，个中原因有很多，除了缺乏诚意和缺少资源投入外，负责公共政策的实施人员还可能对当地情况缺少了解。另外，现行的激励机制往往酝酿出期望过高的机会主义政策，而非立足于现实的政策。这是因为，现实主义政策看起来抱负小，承诺少，在民主社会中无法为当权者谋取连任加分，因而不受当权者青睐。除了政治体系方面的因素，政策施行失败的原因还可能源自多方面惯性因素，如主体的价值观念和偏好、现行社会体制、扎根当地的现实状态——比如当地市场体系结构及其功能运转机制（Lipsky，1980）。因此，如何在符合现实情况和需求的前提下，改变固有观念偏好并加强制度建设成为一大挑战。

（5）成全型领导力

根据复杂性理论和领导力理论，复杂条件有助于形成新型的成全型领导力。那些将自己置于“话语角力”之上，并能调和社会矛盾（如话语角力中呈现出的矛盾）的政治家即展示出其具备成全型领导力（Uhl-Bien，Marion and McKelvey，2007）。成全型的领导善于激发各群体间的互动和对话，以便发现更多的可能性。事实上，他们提高了政策参与者的数量，增加了思维的多样性，而这正是适应变化环境的前提（Ashby，1956；Uhl-Bien，Marion and McKelvey，2007）。在提高政策过程中的多样性上，学界研究出许多实用方法，其中包括联合调查法和过程管理法（例如，De Bruin，Ten Heuvehof and In't Veld，1998；Susskind，Jain and Martyniuk，2001）。

2. SEA和政策过程

总体而言，世界银行的 I-SEA 方法，尤其是 Feldman 和 Khademian（2008）所述的，是符合关于政策过程的现代公共管理理论的。其核心观点是：政策的形成是一个连续过程，每一项具体政策都只是其不断演化过程中的一个瞬时状态。在政策干预阶段施以影响，其实是影响整个政策形成过程的一个手段。既然政策过程是连续的，那么，将环境因素纳入其中的努力也应该是连续的。通过 I-SEA 方法影响政策形成过程须关注以下几个问题：

（1）对工作环境的敏感性

研究表明，战略环境评价成功的关键在于，能否根据具体工作环境来调整工作范围和方法（如 Hilding-Rydevik and Bjarnadóttir，2007）。也就是说，在具体政策的拟订阶段，I-SEA 实践者应当能分清，哪些知识、方法和行动才是符合时宜且有效用的。这种对工作环境的敏感性，是 I-SEA 人员应当注意学习和培养的，在后续的 I-SEA 试点项目评估中，我们也会阐述相关经验和方法。

（2）政策环节可成为制度变革的时机

Ahmed 和 Sánchez-Triana（2008）及 Feldman 和 Khademian（2008）提出将“机遇窗口”作为干预政策的核心概念。然而，当机遇来临时，我们往往未能察觉，而当我们试图抓住机遇时，机遇之窗已然关闭。各政策环节只是进行互动的一个机遇，我们也许能（也许不能）促成重要的政策或制度改变。很多时候，固有格局和既得利益者牢牢把控着政策环节，面向可持续发展的大变革机会甚少。然而，I-SEA 实践者还是应该尽一切努力，抓住政策环节中的每一个机会，打破只做政策潜在影响评价的局限，对环境可持续发展的制度性约束进行评价。为了找到应重点关注的制度对象，I-SEA 团队首先应识别哪些政策可能是不可持续的，然后分析背后“控制”这些政策的制度和机构何在。

既然制度变迁十分缓慢，那么 I-SEA 团队面临的一个关键挑战是如何找到一个“打持久战”的办法，这要求有时应着重建立一批致力于制度改革的长期支持群体或网络。公共管理研究显示：建设一批强力的环保机构组织（公共环保机构和民间社团），有助于环境问题提上主管部门和人物的议程。这些环保组织对部门的利益形成制衡，迫使他们认真听取利益相关方的呼声，更加谨慎地批准或否决公共政策，从而促成政策形成过程的调整。举例来说，将环境评价工作纳入国家法律，能使环保机构成为政策过程中的制衡力量。

通常，我们很难分清楚，每一个小进步和最后能带来环境可持续发展的大制度变迁之间的联系和界限，这也是 I-SEA 面临的一个困难。因此，在评估 I-SEA 项目的效果时，要注意评估（由特定时间特殊机遇引发的）某行动当时造成的直接影响和该行动给制度及可持续发展带来的长期影响的关系，这一点尤其重要。I-SEA 假定，是政策改革提议早期阶段出现的那些（较小的）机会，启发了关于制度角色和改革必要性的对话。

（3）互动与社会学习

显然，所有政策都会产生意想不到的副作用，有些甚至是坏的作用。因此，一个好的政策应当是经可能受影响群体的互动讨论后产生的，即使其坏的副作用依然难以完全避免或抵消。理想情况下，I-SEA 有助于决策者接触到更多类型的利益相关方，使其本着减少新政策负面效果的目的，在未来做长期的对话沟通。在这一过程中，决策者和不同的利益相关方可能逐渐达成一些妥协，这些妥协虽然在经济方面仅具象征意义，但可能成为政策过程的有效推手。利益相关方进行互动且认识到彼此互为依赖，是社会学习发生的前提。因此，I-SEA 团队要解决的一个重要问题，是如何使政策过程更具自反性，从而促进利益相关方形成相互依赖之势。

（4）政策过程的多样性

政策过程只有充分考虑社会问题的复杂性（多样性）和由

此带来的模糊性，方能真正解决问题（Ashby，1956；Uhl-Bien，Marion and McKelvey，2007）。这意味着在政策制定过程中，应当认真考虑多种解决方案。现实中很少出现只有唯一最佳方案的情况，断然决定或只考虑某一方案非明智之举。那些政策制定过程的组织者应该正视多样性的存在，邀请更多的群体参与政策拟订，从而形成更多的备选方案。他们应该建议决策者广泛听取各方意见，通过与他们的互动和对话来发现更多可能性（De Bruin，Ten Heuvehof and In't Veld，1998；Susskind，Jain and Martyniuk，2001）。

经过以上论述我们可知，I-SEA 要想有效果，必须使政策过程具备多样性。当然，这会带来一些弊端，因为多样性的增加是要付出代价的。这给 I-SEA 从业者带来两个行动上的启示：

① 增强多样性：思考如何才能使政策过程更具多样性，如通过提高透明度、鼓励公众参与和丰富有关知识等。

② 培养政策创业意识：谋求在政策过程中进行有效干预的机会，为达成初步改革设想而努力。换言之，I-SEA 的从业者应该像政策领域的创业者一样行动（Kingdon，1995），如努力理解政策过程、识别有关的主体以及主动向他们推销知识。

四、识别优先环境事项

对于一个社会来说，有许多要优先解决的问题有许多，既有环境领域的问题，也有政治、社会、经济等领域的问题。在确定环境领域的优先事项前，应综合考虑其他领域的优先事项。优先事项应该由专家和公众共同制定，而不应只由一方单独制定。我们先分别介绍优先环境问题和优先环境干预措施的识别方法，然后再讨论战略环境评价中的优先事项。

1. 关于优先环境事项的观点

环境领域的优先事项与其他领域（政治、社会、经济等）的优先事项，共同构成一个社会的优先事项集合。在确定优先环境事项之前，我们须了解其他领域的优先事项，也只有这样才能正确识别环境领域的优先事项。优先环境事项的识别是一项具有高度政治属性的工作，它既不是一个单纯的技术问题，也不是一个可以“独善其身”的过程。将环境评价和优先环境事项的确立作为一项政治活动来推崇，更有利于从环境的角度去影响政策。为优先环境事项的确立所做的努力，有助于破解对“环境不可持续”发展路径的依赖。

关于优先环境事项的研究大致有两类：一是研究优先环境问题，二是研究优先环境行动。两类研究中涉及的分析方法和手段非常多，要回答的问题有：有哪些手段可用来识别和确立优先环境问题和优先环境行动？与环境问题相关的政治经济因素是什么？谁来设定环境管理工作的优先任务？谁来制定环境议程？

由于公共财政总是有限的，不同政治诉求（健康、教育、环境、就业等）相互竞争，不同环境利益和偏好也相互竞争，这迫使我们必须在环境管理过程中识别出应优先开展的工作。

（1）谁设定优先环境问题？

要想知道谁是优先环境事项的决策者，首先应了解谁是环境信息的提供者。关于这一问题，众多研究者基本上都是从“议程设置假说”出发，认为政府所提供的环境信息，对环境优先事项的确立具有强大的影响力，尤其相对其他政治主体和公共意见而言（Stephan，2002）。

Lynn 和 Kartez（1994）及 Hamilton（1995）基于“议程设置假说”，以政府公布污染信息为对象进行了实证研究，结果发现，政府公布加上媒体宣传，决定了公民和相关利益方对问题的重视程度，并促进了共同行动的产生和发展。他们还发现，环境非政府组织（NGOs）可充当中间人和信息传播的角色，也有助于提高公众对问题的关注程度。相关研究还表明，在政府提议优先环境事项过程中，由于交易成本的存在，公众参与程度受到阻碍。降低交易成本有助于提高公众参与程度，促进公民作出集体（或个人）行动，认同政府提出的优先事项（Stephan，2002）。

政府在制定环境优先事项中作用巨大，他们可能滥用权力。在对科学分析的偏爱下，由政府主导经专家们制定规划和优先环境事项，相比基于“公众参与和所有权”制定规划和优先事项，更易形成“恩惠专政”的风险。在专家和决策者制定优先事项以及政策的过程中，很容易过分依赖定量化研究工具，使他们成为一个封闭的群体，并将公众排除在优先事项设定、规划和决策之外。因此，在公众参与和科学工具之间达成合理平衡，对政策制定和实施的可持续性非常重要。

在政策议程中，优先环境问题的确立应考虑和比较不同方案对“发展经济和消除贫困”的作用大小，这是本报告所有分析的出发点之一（World Bank，2005；Ahmed and Sánchez-Triana，2008）。对于开发合作组织（包括世界银行），以及许多发展中国家和发达国家的政府来说，发展经济和消除贫困仍然是其重要目标。当然，万事无绝对，我们也不能认为“发展经济和消除贫困”就一定是识别优先环境问题的唯一标准，实际上，其他方面因素或利益有时也可能占据主导地位。之所以认为优先环境事项的识别应参考其对“发展经济和消除贫困”的作用，是因为我们有一个基本的理论假设（World Bank，2005）：环境问题即政治问题，它深深扎根于政策议程中，并受到政治家们的关注。通过“理解政策过程”部分，我们知道，设定优先事项是政策过程的组成部分。在政策过程中，实质性论辩（少数群体所持观点）有时或许能改变强势主体的议程，但更多的情况是：实质性论辩根本无法影响强势主体的议程。

进一步来说，不同生态环境问题的优先序（空气污染、水体污染、森林砍伐等）受不同环境利益诉求的影响。各利益群体的利益诉求是不同的，对政策过程中优先序设定的影响力也是不同的。

随着公众越发认识到信息的威力，政府外的主体，包括反对党、商业公司、环境非政府组织、媒体、工会等，开始更多地利用信息来影响环境议程及优先事项的设定。当然，我们可以明显看到：不同主体所传播的环境信息所表现出的科学水平是参差不齐的。

基于专家知识作出的环境问题优先序和基于公众意见作出的优先序是有区别的，虽然有时这种区别并不那么明显。所谓基于专家知识，是指以专家参与为特征，利用各种技术性评价工具（见下述例子），经一套客观、中立、公正的审查程序，决定（或建议）环境问题优先序。而所谓基于公众意见，则是指通过广泛征求不同利益相关方的意见和偏好来排序，因而这种优先序是不同个体的主观（直觉）偏好的加和，这与专家法完全不同。

随政治民主程度的不同，专家知识和公众意见两者结合的程度也不一样。事实上，在知识主导和专家评价下，既难以产生唯一解决方案，也难以保持中立和公正（Owens，Rayner，and Bina，2004）。正如 Wilkins（2003）指出，随着对实践知识和公众智慧的认识逐渐加深，人们越来越意识到，应当在专家和公众之间寻求妥协和平衡。此外，在不同制度和文化背景下，技术方法表现出不同的适用性和影响力，这也进一步强化了上述观点。虽然我们有大量具体的技术方法可用，但由于制度和文化差异，并不存在一个普遍适用的最佳方法。知识和优先事项应当在具体的环境中历经谈判妥协。因此，优先事项应由不同的利益相关方（包括专家、项目/改革的拥护方）共同制定，他们的知识、分析能力以及谈判能力各不相同（Rijsberman and Van de Ven，2000）。

（2）谁为环境管理设定优先事项？

与优先环境问题相似，优先环境行动的拟定也受多种因素影响，包括不同利益相关方的偏好、权力关系、对技术合理性的认知，以及技术专家的影响力等。然而，环境行动并非总是与环境问题直接一一对应，由于各种原因，优先环境问题（最大环境威胁或影响）并不总是转化成优先环境行动。一些环境问题虽然紧要，但是现阶段治理起来太困难或成本太高，必须等成本降低，或者各方面（政治、社会、科学等）责任或问题理清后才能治理。因此，现实往往更倾向摘“低垂的果实”，短期内政治、经济和技术可行的环境行动优先得以推行。

环境分析手段有很多，对其逐一介绍不在本报告的工作范围内，我们仅列出以下一些用来分析“优先环境问题”和“优先环境行动”的方法。

① 优先环境问题排序工具：用来识别和分析优先环境问题的方法大致可分为两类：一类是生物物理评价法，包括（但不限于）比较风险分析、地理制图、模拟和预测分析法、生存质量评价、承载力分析、基于生态的多准则分析以及脆弱性分析；

另一类是经济评价法，包括经济损失评估、机会成本分析、生产力损失评估以及预防性支出分析。

② 优先环境行动排序工具：用来筛选优先环境行动的方法包括专家判断、公众意见调查、基于公众参与的打分排名（大众票选）以及生态环境评价和货币化评价的比较或结合（试图平衡一项拟议改革或政策的利弊）。拟定优先环境行动时应考虑的具体问题和关键概念包括：a. 时间跨度问题；b. 风险和不确定性；c. 不同地区和不同收入群体的差异；对贫困或弱势群体（如残疾人、妇女、儿童、少数民族）的影响；d. 生态、社会和经济的可持续性；效率和效益；透明度。

在设定优先环境行动时，主要的经济评价手段有成本效益分析（CBA）、成本效用分析（CUA）和成本效果分析（CEA）。若合理运用，CBA 可以给出一项投资的分配效率信息，它综合考虑一项投资的所有成本和效益、不同方案的效果以及未来的影响（成本和收益）。从本质上看，CBA 评估的是一个项目、计划或政策改革措施给社会带来的所有成本和收益。对于优先序设定问题，CBA 方法可给出同一（货币）数量下的不同方案，供决策者比较并提高工作透明度。面向非市场估值（如意愿调查价值评估）的现代技术手段使得识别环境成本和收益成为可能，当然这些手段也受到一些学者的批评（Hausman and Diamond，1994；Hughey，Cullen and Moran，2003）。

CEA 通常用来选择出在满足特定（环境）目标前提下花费最少的方案。CBA 常以货币来衡量环境收益，这时常引起争议，而 CEA 则避免了这一点，因而在优先序研究中更受欢迎。CEA 也要求掌握每项方案的详细数据（包括每项方案的成本）和用来表征目标的生物物理（或其他非货币的）指标体系。在 CEA 方法下，不同方案的收益的度量衡并不一致，这大大降低了方案间的可比性，在这一点上它不如 CBA。

当大家对达成某一具体效用目标（如某环境健康质量标准）存在共识，且有多种途径可实现这一目标时，则可以用 CUA 来识别和比较不同的项目或改革方案。在研究优先序问题时，CUA 的细微不同之处在于，其目的是要在给定预算范围内使环境效果最大化。CUA 常用于对生物多样性的保护（Weitzman，

1998；Van der Heide，Van den Bergh and Van Ierland，2005）。

2．SEA和优先环境事项

使用一些分析工具，可以帮助我们理解部门发展方案可能造成的影响，并将其跟各种替代方案进行比较，因此，分析工具的运用可以影响优先事项的拟定。在开明的政治社会中，利益相关方的对话也能（且应该）影响优先事项。为了帮助做到这一点，世界银行（2005）针对优先环境事项专门提出了一系列分析工具和程序，这些工具和程序对战略环境评价颇有用处，可以促进环境问题在政策议程中“政治化”。世界银行建议以“风险、成本和公众参与”为关注重点，以便同经济发展和消除贫困建立联系。具体而言，通过进行比较风险评价和环境损害代价研究，并辅以公众参与手段，当然就很有可能识别出关键环境问题，并使其同政策过程中其他主要发展议题达成一致——要知道，政治不仅对风险和经济成本敏感，多数情况下也对流行的舆论敏感。

（1）适用于优先事项拟定的环境分析方法非常多

如果针对上文及世界银行（2005）论及的各评价工具，战略环境评价项目能够配以合适的人员和能力去实施，那么优先事项的拟定则水到渠成，而且更容易得到政治圈的理解和支持。然而，需要指出的是，除以上所说的方法外，可用于战略环境评价优先事项拟定的分析方法还有很多（OECD，2006），它们各自适用于面向特定政策过程的I-SEA的不同步骤；例如，生物物理类评价法（包括生命质量评价、承载力分析、基于生态的多准则分析、脆弱性分析等），经济类评价法（如机会-成本分析、生产力损失评估、预防性支出分析[①]）。很难说哪个工具是拟定优先事项的唯一最好工具，选择哪种工具取决于具体I-SEA 项目的能力范围和相关因素，例如，政治接受度、用于定量（生物物理和经济）评价的数据和有关信息、与经济社会发展和贫困的关系、实施项目的人才等。

相比环境损害代价评估法，其他一些I-SEA的经济评价方法可能更有助于环境问题的政治化，这包括分析环境行动优先

① 预防性支出分析可作为成本收益分析、成本效用分析或成本效益分析的一部分。

方案给环境管理带来的益处，评价某自然资源的利用或消耗对政府收入的影响，评估各种环境经济类的政策工具[①]的成本与效果。政策工具不仅包括环境经济类的，也包括行政命令和管制类（如环境法规、规范和标准）、环境信息披露制度、环境教育等。在 I-SEA 实施过程中，可以将环境经济类政策工具与其他类型的政策工具做一些比较。

（2）面向优先环境事项制定的地方能力建设

在拟定优先环境事项过程中，地方机构的能力是运用前述分析工具的前提和保障。地方机构是政策改革和 I-SEA 的关注对象，只有具备能干且愿意不断学习的地方机构，才能真正利用好那些定量分析工具。因此，要提高 I-SEA 优先环境事项制定中的工具应用水平，就必须提高地方机构运用工具、理解结果及对政策设计或改革的意义，加强分析人员的所有权意识。

当今，在一些低收入国家实施的“以影响为中心的战略环境评价”，很多都是由外国专家和顾问亲自操刀，他们向当地传授的知识十分有限，这阻碍了地方机构在分析和制定优先事项领域的能力进步。我们不仅建议在 I-SEA 中综合运用定量分析方法和公众参与法（以促进政策过程中专家判断和群众意见的结合），还强调地方机构进行系统学习和能力建设的重要性，以便形成“地方主持和地方操作”的工作模式。这其实回答的是以下问题：到底应该由谁来实施 I-SEA？又应该依据谁的分析来设定优先事项？现实中太多技术分析工作都是由外籍专家进行，他们在促进地方学习方面贡献颇少。在优先事项分析过程中，提高地方人才的参与度，不仅有利于提高当地社会对 I-SEA 项目的所有权意识和认同程度，还可以提高地方分析能力，强化组织机构（如政府机关）。

（3）选择、时机和有序是 I-SEA 的关键

在许多情况下，地方能力和政府资源无法胜任环境政策分析。因此，如世界银行（2005）及 Ahmed 和 Sanchez-Triana（2008）指出，正在发生或可能发生的政策变革有很多，应谨慎挑选以

① 例如征收环境税费、发放环境补贴。

作为 I-SEA 的评价领域。虽然政策形成是连续性过程，但对其进行干预的机遇是以离散形式存在的，要以战略眼光挑选关键政策过程作为研究领域，以便识别和制定出官方和公众都认可的优先环境事项。对于环境保护来说，有的政策过程或改革很重要，有的则不重要。虽然 I-SEA 是一项具有连续性特征的工作，但是其施加的干预措施却是离散的。只有把握好不同干预措施的施加时机和顺序，才能成功影响政策形成过程。与此相关的一个事实是，基于政策的 I-SEA 所取得的优先事项方案并非永久有效，它们有可能会被重审和修改。因此，正如世界银行（2005）指出，随着政策发生修订、机构发生调整、偏好发生转变、新信息新知识产生等原因，应当周期性地进行优先事项拟定工作。相应地，在优先事项拟定过程中所采用的工具和标准也应重新予以审视甚至调整。

五、提高利益相关方代表性

正如前文指出，多样化的利益相关方参与到决策中，提高了复杂问题（如可持续发展）形成解决方案的概率。本节首先简要探讨了不同类型的利益相关方代表性，然后辨识了健全的参与所面临的普遍性障碍以及克服这些障碍的方式，最后提出了 I-SEA 面临的与利益相关方代表性相关的主要挑战。

1. 关于利益相关方代表性的观点

（1）参与还是代理？

在政策过程中，利益相关方代理是被影响群体对公共政策施加影响的一种方式。代理参与和直接参与是有区别的：代理参与是间接参与，即由部分主体（组织或个人）来代表某一类利益相关方群体。例如，原住民群体由某一非政府组织或原住民政府机构来代表。

（2）不同程度的利益相关方代表性

根据对公共政策的影响力的不同，利益相关方群体的参与程度分为五种，由弱渐强依次为（Edwards，2007）：

- 信息交流：公民可以在听证期间获知信息甚至提出问题，但是政府并不承诺一定将公民意见纳入考虑。
- 信息咨询：比如在调查或听证期间，政府邀请公民对其提案进行评论；政府承诺将认真考虑公民意见，但实际上并无问责机制予以监督。

- 提供建议：公民可以提出自己的问题，并建议相应解决方案；政府认真受理此事，并承诺负责落实公民的建议。
- 共同拟案：代表不同利益的利益相关方，同公务人员和官员一道，合作设计政策草案；原则上，这些草案会被移送给政府接管，但很可能遭到大量修改。
- 共同决策：利益相关方参与到方案设计中，其成果直接被采用。

在以上参与形式中，从第三种开始产生直接影响，因为只有在后三种情况下，政策制定者才会对利益相关方参与的结果做出回应。信息交流和咨询的影响较为间接；它们应作为学习过程的第一步，其影响可能在后续政策系列中才显现。即使没有受到邀请，利益相关方也可以通过多种方式参与政策过程，如示威或游说、执行或（在可能情况下）不执行政策要求。

（3）利益相关方代表性的阻碍因素

大量有关政策参与的文献都显示，各种公共政策参与方法所具备的积极效果，并不是理所当然就会呈现的。参与分不同的层次，低层次的是“操控式”和“治疗式”（实际上并非参与）；高层次的是“伙伴式”“赋予权力式”和“公民控制式”；中间层次的是“告知式”“咨询式”和“安抚式”，这三种是“虚”的行为，不会带来实际成果（Arnstein，1969）。

影响利益相关方代表性的常见障碍包括：

① 弱势利益群体难以识别：哪些人是弱势利益群体，哪些人的话语权应得到提高，我们并不总能事先得知答案。由于政策的环境影响具有大量不确定性（如在战略环境评价中），因而我们并不总是清楚哪些群体将会受到影响，以及哪些群体应该参与进来。

② 他们的声音通常很微弱：地方社区、城市或国家事务领域通常不属公平竞争环境。在不公平的环境下组织的参与，导致最有权势的人拥有最高话语权。以下措施（Edwards，2007）

能帮助推动公众参与和利益相关方参与程度：a. 使参与者获得全部现有信息；b. 允许参与者询问见证人和咨询专家；c. 使用独立仲裁人；d. 保证政府治理中的权力制衡（详见“六、分析制度的能力和制约因素”一节）。

③ 很难发动无组织的广大人群：弱势群体通常被排除在当前的政策辩论圈之外，更不用说尚未出生的后代人了。众所周知，随着公共政策的战略性和抽象程度的增加，这一情况更加严重，因为对于广大公众来说，他们很难将抽象的政策提案与个人处境以及对个人、地方或全球的影响联系在一起。退而求其次的选择是咨询国家级的权益维护组织，如公民社会组织（CSOs），但这些组织可能因为忙于自己的事务，而不能充分代表（单个）利益相关方的利益或与期望得到支持的群体进行交流。

④ 决策者的意愿可能并不真诚：决策者可能仅限于表面利用一下“参与发言”，而不做任何实质性行动。法规或其他机制要求他们必须要邀请利益相关方参与，但事实上，他们并没有采纳参与者意见的意愿，至少短期内显然如此。

⑤ 幕后利益集团的不合作：在政策过程中，如果存在权势集团与此有重要利益牵连，而他们却不参与政策拟订，那么他们就有可能会凭借其对政策实施的控制权，来阻碍政策的实施。

如果以上障碍不予克服，所谓的参与也就成了空口白话，有可能导致参与疲劳，并在政府和民间组织之间、政府和广大公众之间产生不信任（Molenaers and Renard，2006）。

（4）应对利益相关方代表性阻碍因素

在许多国家的政策制定中，利益相关方代表性严重受限（如 Transparency International，2008）。要求一个社会做到完全公开和透明是不太现实的，并且，由于那些被强迫开放的群体总会经历痛苦，因而透明化和参与的发展通常是以更加民主的文化和机制为指向的逐渐转变的过程。要解决上述普遍障碍和强化利益相关方代表性，有以下方法：

① 制定正式法律以强制参与或代理：规定政府在制定政策时必须纳入利益相关方的参与的相关法律，是达成健全的利益

相关方代表性的重要基本制度。此类法律的存在，是国家级权益组织在要求政府更加公开化时的有力凭据。例如，关于环境影响评价（EIA）的法律通常就要求有某些形式的利益相关方代表的参与。然而，尽管世界各国都颁布了环境影响评价法，但是这部法律对提高利益相关方代表性和对实际决策的影响却差异悬殊。Wood（2002）断言，EIA 和 SEA 能够有效缓解一些小规模影响，但没有证据表明，它们能为可持续发展带来根本性的战略和政策变革。引入环境影响评价法，虽然可以提高参与度和利益相关方代表性，但是不足以保障成功。除非有充分的制度来保障实施，否则颁布的法律可能会被反对者架空而失去威力（Dijkstra，2005）。

在世界银行和多家机构发布的许多手册和指导文件中，有关公共参与的建议对提高利益相关方代表性贡献颇多。同时，加入国际条约的国家政府也可作出各自的努力，将环境领域的利益相关方代表性进行制度化。

② 强化责任：Bekkers 等（2007）认为，参与过程应该与正式的民主机关或决策机构（如选举委员会或议会）关联起来。这些正式的代表机构可以对政府问责，迫使政府对利益相关方利益作出回应。对此类要求政府对公民需求负责的机构进行强化，可以促进决策者和公众双方提高参与力度的意愿。一方面，利益相关方的参与意愿变得强烈，因为他们知道决策者有动力来认真对待。另一方面，决策者也更愿意聆听利益相关方的意见，因为他们知道，持反对观点的利益相关方被赋予了在政策制定的后续阶段（代价更大的阶段）发起抨击的权利（参见“七、增强社会责任”一节）。

③ 发动弱势的和其他类型的利益相关方：Beierle 和 Konisky（2001）推测，导致政策实施失败的原因之一，是并非所有的社会经济团体和利益相关方群体都在参与过程中得以体现；一些被排除在外的群体显然具备阻碍实施既定方案的能力。可能的补救措施有：在参与过程中提高弱势群体的话语权，尽量将所有相互依存的社会经济团体和可能的利益群体都囊括到参与过程中。

④ 对要求增强利益相关方代表性的组织机构予以扶持：一

些有影响力的、与政策过程有干系的组织的出现和成长，对提高代表性具有重要作用。对此类组织的支持，可被视为一种网络管理模式（如 Kickert，Klijn and Koppenjan，1997）。长期看来，这些组织的运行对制度的诞生具有重要作用，而这些制度是弱势群体在未来继续得以代表，或透明法律在未来继续得以施行的保障。

⑤ 当利益相关方全面代表难以实现时，转而关注较小的改进：有时，利益相关方得到全面代表的机会很小，可以转攻一些小而重要的事情，从而拓宽政策过程的视野。例如，促成两个原先不互相交流的部委进行第一次对话，或讨论之前不可能达成一致的方案；或者还可能使一些代表部门利益的官员公开提出关于可持续发展的问题，或提出要进行某些制度变更（如加入一些国际条约）。因此，这些小的改变也可能具有重要作用，尤其当它们对长期变革有益时。

2. SEA 和利益相关方代表性

Ahmed 和 Sánchez-Triana（2008）建议，I-SEA 的参与方法，应该关注识别弱势群体，并扩大他们在政策形成过程中的声音。如此，政策规划和实施会对多样化利益相关方（包括社会弱势群体）的观点和偏好作出回应的可能性才能增大。营造和维护参与社群（paticipation community），是保证政策形成过程充满多样观点的关键手段（World Bank，2005）。对于高度依赖于背景因素的 SEA 来说，很难给出一套普适性的利益相关方识别和代表方法，但在 I-SEA 中，我们可着重关注以下几个重要问题：

（1）更多人还是更多观点？

对于多数 SEA 来说，公众参与都是一个关键环节。值得注意的是，在世界银行看来，政策过程中的利益相关方代表法，关键要求不是参与人数的多寡，而是要体现大量不同观点，尤其是那些弱势群体的观点。

（2）如何识别弱势群体的观点？

如上文所述，我们并不总能事先就清楚谁是弱势群体。那么，I-SEA 团队该如何着手，使“正确的”观点在政策过程中得以涵盖呢？这就要特别注意在发掘代表性观点时，不要存在性别、年龄、种族或宗教信仰方面的偏见。

（3）如何营造和维护参与社群？

世界银行（2005）认为，参与社群的产生，是迭代式的政策过程形成“包容性管理局面”（inclusive management）的关键。参与社群并非固定的团体，相反，“任何一个特定政策问题/选择机会，都为参与社群的创建或调整提供可能”（World Bank，2005）。因此，在面向某一单独的政策拟订阶段的 I-SEA 期间和其后，都需要特别关注如何营造和维护参与社群。

六、分析制度的能力和制约因素

世界银行（2005）提出，分析和强化制度与政府治理体系，是以制度为核心的战略环境评价的主要特色。在过去几十年中，社会科学领域越来越关注“制度在经济社会发展中的作用”，这也带动了人们开始更多地思考环境评价。本节讨论的是，在战略环境评价领域，如何辨析、理解和分析“制度”这一概念。

1. 关于制度的观点

（1）什么是制度？

关于制度的研究，可谓历史悠久。在社会科学领域，以行动者为中心的（actor-centered）制度主义长期占据统治地位，直到 20 世纪 80 年代后期，新制度主义才开始萌芽（Nilsson，2005；Vatn，2005）。制度方面的文献纷繁复杂，关于制度的定义多种多样，其中最有名的是诺贝尔奖获得者 Douglas North（1994）提出的：“制度是人类设计的用来调节人类相互关系的约束条件。它包括正式约束（如规章、法律、宪法）、非正式约束（如行为规范、惯例、个人行为守则）及其实施机制。这些一起构成了社会——尤其是经济——的激励机制。”

从概念上看，制度比组织要宽泛得多。制度是游戏规则，而组织则是玩家。在一些以提高环境管理水平为主旨的关于制度能力建设的讨论中，存在将制度和组织两个概念等同起来的倾向，实际上我们应该注意区分二者的不同，这一点很重要（OECD，1999）。仅仅关注环境部门内的组织（如环境部委及其机构）是狭隘的，其风险是可能会使大家忽略其他方面的制度，而这些制度对环境可持续发展来说，具有同等或更加重要的作用。

正式和非正式约束或规则构成了广义的制度，为了将这一宽泛概念分解使其便于分析，人们作出了大量的努力。世界银行（2003）在其《世界发展报告》中，把制度描述为一个连续事物。在非正式约束的范畴，它的范围起于信任及其他形式的社会资本，终于社会协作机制（networks for coordination）。在正式约束的范畴，它不仅包括成文的规章条例和法律法规，也包括正式组织，如法院和政府机构（见图3）。世界银行（2003）认为："制度必须具备三种主要功能才能对可持续发展有贡献：a．接纳社会中关于需求和问题的信息……这意味着要能够形成信息，给公民发言权，做出反馈，并促进学习；b．平衡各方利益：在变革问题上达成妥协和共识，避免形成僵局和冲突；c．严格按照已达成的协议，执行和实施解决方案。"

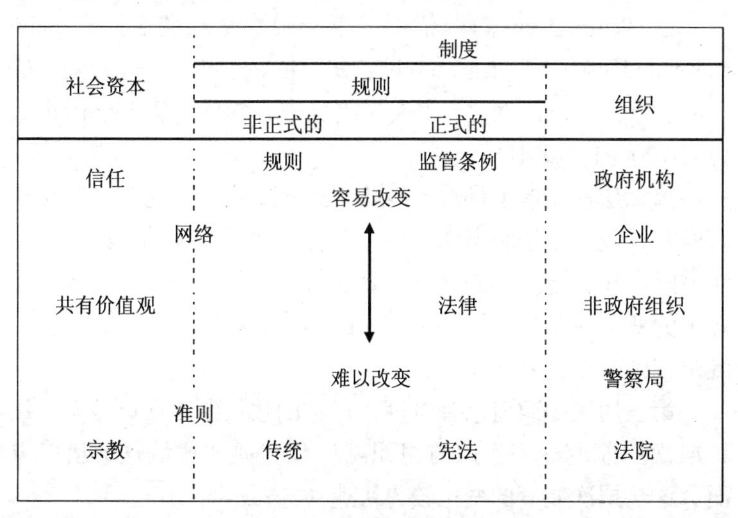

图3　制度中的正式和非正式规则

来源：World Bank（2003）。

Williamson（2000）指出了制度分析的几个层次（见图4）。在此框架中，高层次制度对低层次制度的变迁具有约束作用，但是低层级制度的变迁通过一些反馈机制，也可以带来高层次制度的改变。

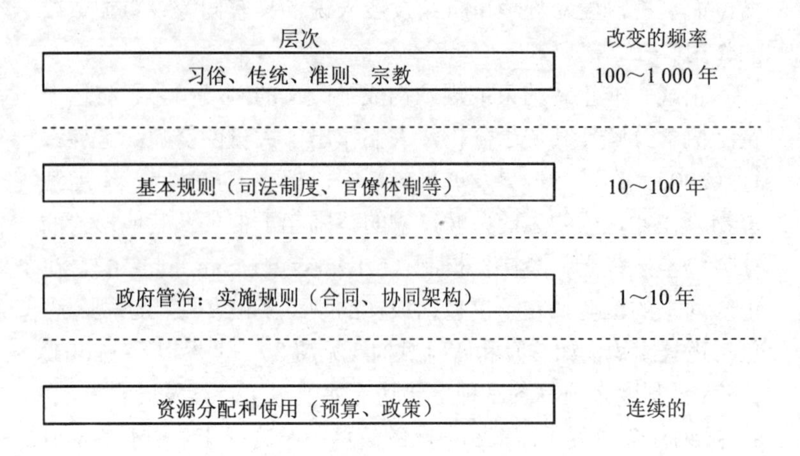

图 4　制度分析的不同层次

来源：根据 Williamson（2000）修改。

在 Williamson 的框架中，第一层次是社会嵌入（social embeddedness），即非正式制度，如习俗、宗教和文化。这一层次的制度源于逐渐演化，其变革通常非常缓慢（Williamson 认为要 100～1 000 年）。

第二层次是制度环境，或称正式游戏规则，它包括宪法和政府在行政、立法和司法职能以及官僚体系方面的架构。合同法与财产权界定及实施制度也是这一层次的重要元素。制度环境中的变革通常也很缓慢（10～100 年），但突发危机有时会给既定规则带来彻底改变。

第三层次是政府治理制度，日常的政策制定属此范畴。这一层次的制度涵盖了政府组织结构和普通法律法规的诸多方面。这一层次制度的变化较为快速（1～10 年）。

第四层次是资源分配和使用机制。其他层次的制度所产生的激励都汇集于这一层，从而影响不同社会主体的选择。这一层次的变迁是连续发生的。

（2）哪些制度对可持续发展是重要的？

人们越来越认识到，经济发展、民主进步和社会环境可持续性都与良好的制度息息相关。例如，越来越多的人认为，制度是保证长期增长和导致各国经济表现差异的根本原因之一

（Acemoglu，Johnson and Robinson，2004）。同样地，解决诸多环境问题的关键也在制度，因为它要求“要激励个人，使其在抉择时以长远眼光看待问题，并考虑未知群体的多样化利益”（Ostrom，Schroeder and Wynne，1993）。但是，在应该采用什么制度来达到以上成果的问题上，人们存在许多不同观点，例如：

① 经济发展制度：Rodrik（2000）列出了五种必要的、用于支撑市场经济繁荣的非市场制度——产权制度、监管制度、宏观经济稳定制度、社会保险制度和冲突管理制度。

② 政府管治制度：Kaufman、Kraay 和 Mastruzzi（2008）制订的六维政府管治水平指标，在跨国比较研究中得到广泛应用。它包括：言论自由和责任机制、政治稳定和消除暴力、政府效力、监管质量、法治水平和控制腐败。这些指标是为达成良好政府治理局面而制定制度时，应考虑的方向。

③ 环境可持续性制度：OECD（2009）列出了一些具体的环境制度，如宪法中关于公民享有清洁环境权的条款、环境保护法规、公众环境机构、环境可持续发展的先决条件。在《世界发展报告 2003》（World Bank，2003）提出的大框架基础上，Pillai 和 Lunde（2006）制订了一份清单，用来评估不同国家的环境管理制度能力（见附件）。

然而，出于某些原因，试图给出一套通用的、适于可持续发展的良好制度体系，是存在问题的。正式规则所能取得的效果很大程度上取决于非正式习俗，因此在不同背景下，针对一些具体问题的制度方案也是不同的。相反，相同制度功能（如接收信息）可以采用不同的制度形式。哪些制度对可持续发展来说是重要的呢？要解答这一问题，首先要识别特定背景中可持续发展面临的具体障碍。因此，制度分析工作应该始于对“制度针对的对象”进行识别。

（3）如何改造制度？

既然制度对发展如此重要，为什么有的国家却不去改善制度呢？这一简单问题困扰了许多研究人员。North（1994）指出，制度并非理所当然（甚至经常不是）为提高社会效率而生。正式规则的诞生，是为那些掌握制定权的利益集团服务的。

Acemoglu、Johnson 和 Robinson（2004）认为，制度有其悠久的历史根基（或“殖民根源”），因为权势集团能够凭借法律赋予的（或事实占有的）政治权力阻碍变革，所以制度能够长期保持不变。寻求关于如何改善制度的普适性理论，被看成是寻找社会科学的“圣杯”（Acemoglu，Johnson and Robinson，2004）。

习俗变化缓慢，但习俗对于正式规则的施行具有重要影响力，是制度改革往往陷入困境的重要原因之一。正式规则可一夜变之，而非正式的习俗通常只能逐渐变化。由于规则的“合法性”来源于习俗，因而当一个社会采纳另一个社会的正式规则时，就会产生完全不同的表现，原因就在于非正式习俗的不同，以及由此造成的规则实施的差异（North，1994）。一个最常引用的案例就是，20 世纪 90 年代东欧国家照搬西方的市场经济体制，在那里，相同的正式制度产生了完全不同的结果（North，1994；Rodrik，2000）。

Rodrik（2000）对制度改革中的“蓝图法”和“地方知识（或称实验主义）法”进行了区别。所谓蓝图法，是指甄选来自别处的最佳实践方案，并加以引进和施行。然而，在“什么才是最佳实用制度”这一问题上，人们往往看法各异。于是，人们对纠正当前制度的迫切期望，可能最终只化为一堆在贫困国家无法实现的政策改革梦想（Grindle，2004；Rodrik，2006）。与“蓝图法”相反，“地方知识法”强调，政策应由本地制造，它必须依靠实干经验、当地知识和实验才能完成。然而，这种观点往往被权势利益集团利用，他们更倾向于维持某些现行制度，而罔顾其他地方存在更优制度这一明显事实。同时，由本地订立所有的制度，其成本是很高的；而在某些情况下，通过引进“蓝图”制度也能达到同等效果。Rodrik 认为，蓝图法更适用于较窄的技术问题，而大规模的制度开发则更依赖于对本地需求和能力的发现。参与型的政治制度是一种“元制度”，它可以保证制度的发展植根于本地知识（Rodrik，2000）；同时，它还可以激励社会学习，为制度随时间不断进步提供合法性来源（民主支持）（Nooteboom，2007）。

2. SEA和制度

尽管制度在I-SEA占据核心地位，但是世界银行在其关于政策战略环境评价的出版物中，并没有对制度的概念作出明确定义或讨论（World Bank，2005；Ahmed and Sánchez-Triana，2008）。然而对于 I-SEA 的重要组成部分——如何进行制度分析，有学者给出了以下建议：a. 进行历史分析，以理解现行政策的扎根过程；b. 进行政治经济分析，分析对象包括：与政策拟订和实施有关的利益相关方的目标、价值、行为和激励机制；c. 对政府内横向（部门间）协调机制和垂向协调机制进行分析，以更好地理解实施过程中的障碍；d. 对增强社会责任和社会学习的机制进行分析；e. 识别有效且政治可行的干预措施，以解决优先问题（Ahmed and Sánchez-Triana，2008）。

以上隐性定义正合世界银行之意，即 SEA 不应局限于评价政策可能造成的社会和环境影响，而应触及政策变迁（及其实施）的驱动力。同时，它还告诉我们，作为 SEA 组成部分的制度分析应该具备更宽广的视野，不要囿于具体环境管理制度的安排。

然而，在如何进行 SEA 制度评价方面，实施者似乎仍需更为深入具体的指导和学习。在 SEA 相关文献中，对政府管治和制度因素的关注正在增多，我们可以从中学到许多经验教训。例如，依据类似于 Williamson（2000）的框架，Turnpenny 等（2008）提出了一套层次性制度分析法，分析了四个欧洲国家在综合政策评估方面的能力和制约因素。在微观层面上关注于参与评估的政府人士和从事评估所需的资源（时间、金钱、人员）及人力资源（技能、教育背景等）。在中观层面上分析了组织问题，如管理体系、协调机制和激励机制。最后，在宏观层面上关注于更为广泛的议题，如行政和法律体制、决策过程中利益相关方的定位。这种层次性分析框架，也可用来建构 SEA 制度分析思路。

与环境类的制度评价有关的文献数量正在快速增长，我们可从中学习到很多经验。世界银行曾在其“国家环境分析”中做过制度评价，近期一篇相关的评论文章对此指出，制度评价应该：a. 不局限于对正式规则中的组织权限、功能和差距进行分析，还应分析非正式规则、政治经济因素以及权力关系；b. 多关注对环境政府管治的需求、私营部门和民间社团的作用；c. 覆盖地方层面和国家—地方之间的资源流动；d. 聚焦具体主题和部门（Pillai，2008）。

Lawson 和 Bird（2008）强调了在制度评价中进行预算体制分析的重要性。根据对四个国家的比较研究，作者认为，虽然国家制定了明确清晰的环境政策和法律框架，但缺乏对环境公益行动的资金支持是实施过程的最大障碍。该研究指出了决定环境资金数量和流向的三次平行预算机制：a. 国家预算——基本局限于经常性预算；b. 获取和分配外部项目资金；c. 获取部门税费征收权和使用权。这一割裂的预算体制带来两大弊端；第一，经常性开支预算普遍较低，因而难以支撑一些核心职能，如监测、控制、监督；而外部项目资金相对较高，工作繁多。这对解决国家优先环境事项是不利的。第二，大批环境资金不受财政部控制，因而更不受国会控制，这削弱了社会责任机制和公共管理能力。

虽然分析国家层面的环境管理制度能力和制约是正确之举，但是对于面向部门改革的 SEA 来说，我们更应该关注那些与该部门紧密相关的制度。例如，对于林业或矿业改革来说，分析土地所有制就比分析国家环境管理制度更恰当。因此，如何确定 SEA 制度评价的范围和优先领域，这始终是一项值得探讨的重要议题，而这其中的要诀就是——深入理解特定改革所处的背景和环境。

七、增强社会责任

世界银行（2005）指出，作为 I-SEA 的工作内容之一，增进社会责任可以使 I-SEA 超越离散的政策干预行动所能发挥的影响力，有利于长期提高环境治理水平。然而，责任是一个宽泛的概念，人们对其理解各不相同，因此常被称为“最基本却又最难捉摸的政治概念之一”（Hill，2005）。本节将首先对比社会责任和其他类型的责任，然后讨论与 SEA 有关的责任。

1. 关于责任的观点

所谓责任机制，大体上是为了防止和纠正政治权力的滥用，一般包含三种方式：a．使权力受到约束（强制性）；b．使权力行使透明化；c．使权力对其行为正当性作出解释（Schedler，1999）。责任是一种双方关系，要理解这种关系，首先需要识别a．谁是被问责的主体；b．谁是要求问责的主体；c．组织或个人应该为哪些活动或义务担责；d．应通过什么形式进行问责；e．责任如何体现。

（1）政治责任

政治责任指的是政府、公务员和官员对公众承担责任，通常有垂向责任和横向责任之分。在民主社会中，自由定期选举是保障垂向责任的基本机制。理论上，公民可以通过选举使官员失去官职，这对政策决定者来说是巨大威胁，他们不得不注意照顾选民的利益（Adsèra，Boix and Payne，2003）。然而，由于大众和官员间存在信息不对称（获得信息、解释信息的能力方面存在差异），因而公民通过选举来问责官员的可能性大受限制。

垂向责任，是一种自上而下的关系，存在于即将上任的当选官员和普通公务员之间——普通公务员在各政策的实施上向官员负责。信息不对称的问题也存在于此，因为官员难以完全了解公务员是如何实施政策的（见前文“三、理解政策过程”）。这是一个经典的公共管理问题——基于规则的行政控制和公务员为做好工作而需要一定自行裁量权之间存在着矛盾。改革公务制度和完善内部审计、评估和监控机制，通常是“职业责任下的公共行政改革”（proaccountability public administration reform）的核心内容，有时也被称为行政问责和职业问责。不完善的政治经济体系总是出现很多具有高度争议性的问题，因为“官场具有高度的政治属性，而且与社会利益交织联系；权力、雇佣和资助倾聚于此，因而事关重大（Batley，2004）”。

横向问责是指或多或少具有相互独立关系的各国家机构间的关系。这些机构各自承担不同的国家职能，并相互监督和约束（Schedler，1999）。行政、立法和司法三权分立，以及政府各分支机构之间的权力制衡，是最典型的横向政治问责结构。但实际上，很多国家在权力平衡方面都做得不好。Veit等（2008）指出：许多非洲国家忽视农村人口的优先环境事项，要解决这一问题，当务之急是加强立法。在这些国家中，议会相对于政府来说缺乏自主权和权威性，这严重损害了责任机制的形成。

其他横向问责机制还包括设置独立的职业责任核查机构，比如反腐败机构、巡视组、审计机构。过去几年中，许多国家都纷纷设立此类机构。它们的职责通常是在某些具体领域对政府问责（Ackerman，2004，2005）。

（2）社会责任

尽管许多国家（不仅仅是发展中国家）采取了各种措施来提高自上而下的责任机制，但是腐败和其他政府管治问题却依然存在。许多分析人士认为，要改善自上而下的责任机制，还应配以自下而上的责任机制——强调问责的需求侧（Ackerman，2005）。社会责任，就是描述这种需求侧责任的一个广义术语。Blair（2008）把社会责任定义为“国家对社会整体（而非某一社会部门）的责任”；Malena、Forster 和 Singh（2004）则把它定义为“一种通过公民参与来增强责任的做法，即普通公民或民间社会组织直接或间接地参与问责”。社会责任机制涵盖了一系列公民问责于政府的行动，具体包括：监督公共服务、参与支出核查、社会审查以及民间团体监督公共政策的影响。

（3）公众参与和发言权

一些社会责任行动致力于提高公众参与程度和民众在发表观点、表达诉求、要求当局展开行动等方面的言论权。他们关注的焦点并不在于民众为自身利益发出声音，而在于加强民众在获得信息、分辨信息、要求解答信息的能力，以便他们能够影响政府管治行为（O’Neil，Foresti and Hudson，2007）。贫困人群可以直接发出自己的声音（如通过选举），但更多时候是通过一些间接渠道发声，如通过民间社会组织或媒体。

显然，这和前文讨论的关于参与的机会和制约是关联的。一般认为，如果社会责任运动能与国家“内部”责任机制相结合——使其成为由民间组织、国家机构或“混合”机构系统实施的制度，那么效果是最好的。在讨论社会参与和民众参与之类的概念时，人们往往陷入“事件型文化”，而制度化是克服这一毛病的良药[Eberlei，2001，由 Ackerman（2005）引用]。还有一点值得注意，对于民主社会需要何种程度、何种类型的参与，人们尚有争论。例如，Kaufman [2003，由 Ackerman（2004）引用]认为，“诸如将 NGOs 纳入进来的参与方式是有利于提高能力的，而组织公民大会之类的做法则是在效率、有效性，甚至国家机构责任机制上的倒退”。与此相反，Ackerman（2004）则提倡在政府主要活动上实行全民参与。

① 享有信息权和公正权：将信息权、参与权和公正权的享有写入法律，是保证人们能够发表言论和问责当局的关键。《里约宣言》（第 10 原则）和《奥胡斯公约》，都将环境事务中的上述权利写入承诺，使其成为一项法律义务。获知信息权包括：查询公共档案，获取环境主管机构的监测数据或报告。一般意义而言，这些权利的享有来源于公民和政治人权，在有关的国际法律中也可找到依据。按照人权主义观点，责任是公众与国家之间的关系，前者有权获得信息和公正，而后者有义务践行这种权利。

② 出版自由：研究显示，在解释不同国家的腐败程度时，信息公开程度是一项重要指标（Adsèra，Boix and Payne，2003）。

2. SEA 和责任机制

世界银行（2005）提出，强化社会责任机制是 SEA 改善环境管治的重要手段。Ahmed 和 Sánchez-Triana（2008）指出：除传统 SEA 鼓励的信息公开和公众参与外，I-SEA 应着重加强环境领域有关信息公开、公众参与和公平正义的立法与执法情况。这与《里约宣言》（第 10 原则）和 1998 年《奥胡斯公约》的精神是一致的。此外，为提高透明度而设立制度，有利于增强责任，这其中每一个小的进步，都对社会学习形成激励，从而为其后强化责任的行动提供合法性来源。

SEA 方法演变的一个重要特征是对“权利享有”的关注，因为享有权利可以激励公众提出要求。关于权力享有的行动正迅速发展，这正是民间社会组织系统利用“权利享有”而争取政治动员的一个例子。

虽然许多政府在有关“权利享有”的法律体系上取得了进步，但其执行情况不容乐观（Foti et al.，2008）。这意味着 SEA 应关注这些权利的落实机制。正如本节一开始所述，用来约束权力的强制性措施，是增强责任机制的一个关键环节。政府系统往往存在一些此类措施。对于一个缺乏制衡机制和相竞机构（或抗衡势力）的政府来说，强势利益牢牢把控着局面（如一个部门），在此情况下，提高透明度和参与度能否带来政府管治水平的提升，是值得怀疑的（Fung，2002；Galbraith，1952）。因此，I-SEA 还应考虑分析和强化“政府内部的”横向责任体系。在公共行政领域，横向（跨部门）和纵向责任机制发挥着协调、约束和激励作用，对其进行分析是 SEA 的题中之意。

关注“权利享有”固然重要，然而我们还可以思考：I-SEA 是否还能强化其他类型的社会责任机制。例如，在部门政策实施或自然资源管理过程中，能否将各种参与性元素予以制度化？虽然具体的制度形式应依背景而异，但是研究 SEA 中如何对这些制度安排工作施加影响，的确是很有必要的。

Blair（2008）分析指出，支持群体可在“问责和改善环境管理水平”方面提出要求，因而长期支持他们的发展是至关重要的。Ahmed 和 Sánchez-Triana（2008）认为，这一点也适用于 I-SEA。民间环保组织、媒体和立法机关等都可成为支持群体的重要主体，为改变环境而做出贡献。

最后，我们还应关注，对“以提高责任和改善环境管理水平为目的”的行动计划进行优先排序。是先强化环境支持群体和利益竞争与权力制衡体制，然后由他们来要求提高透明度和改善环境管治水平呢，还是先着重于提高透明度，从而为环境支持群体的参与提供便利？

八、促进社会学习

SEA 方法通常既包括分析方法，又包括参与方法（OECD DAC，2006）。I-SEA 格外强调学习的作用，这是与“以影响为中心”的 SEA 的重要区别（Ahmed and Sánchez-Triana，2008）。然而，要理解在政策过程发生了哪些类型学习，是一件复杂的工作。首先，社会学习的概念本身就是一个难点，这是一个宽泛的术语，与本报告所论述的 I-SEA 几个关键要素都有关系。其次，实践中也很难评价社会学习是否发生了，以及它对特定政策结果产生了什么影响（Bennett and Howlett，1992）。本节将讨论SEA中的学习概念，以及如何对学习予以评估。

1. 关于社会学习的观点

所谓理解政策变化的学习理论，一般假定国家（和政府机构）可以从过去的行为当中习得经验教训，并以此调整当前的行为。学习理论是强调政策过程中权力和利益冲突理论的补充，而非替代（Bennet and Howlett，1992）。虽然政策过程总是在权力斗争和政治冲突中进行，但是学习也可成为促成政策改变的重要因素。

（1）不同类型的学习

有文献总结了几种发生于政策过程中的学习（Ebrahim，2008）：

① 技术学习：是指在既定政策目标下寻找新的政策工具，在不需深入讨论目标或基本战略的情况下就能发生改变。

② 概念学习：意味着重新定义政策目标、对问题的认识和应对策略。例如在能源部门，概念学习可能促使政策目标由能源生产转为能源安全，新的政策目标得到持有相反政治利益的不同主体的一致拥护（Nilsson，2005）。重新制定政策目标通常是改善环境的关键，因为环境政策的实施有赖于不同部门间的合作（Fiorino，2001）。

技术学习和概念学习间的区别，引出了组织理论中的单环学习和双环学习的区分（Argyris and Schön，1996）。单环学习“主要考虑有效性：如何最好地实现既定目的和目标”，而双环学习则涉及“对组织的价值和规范的思考和修正”（Argyris and Schön，1996；转引自Ebrahim，2008）。

③ 社会学习：建立在技术学习和概念学习之上，但它关注于主体间的互动和交流（Fiorino，2001）。社会学习强调主体之间的关系和对话的质量，因此又与政策过程中的利益相关方参与和责任机制紧密联系。利益相关方参与程度及其他类型的由学习引起的社会互动，受到政策过程各种正式或非正式制度性规则的影响。制度性规则塑造了权力关系，决定了决策的方式、地点、谁是掌控者、谁是参与者。因此，改变制度规则可以影响形成学习的可能性（Nilsson，2006）。

④ 政治学习：一些分析者还运用政治学习这一概念，来描

述为“巩固既定政策定位和目标”而引入新概念和改进战略的情形。使用政治学习这一概念，有助于提醒人们区分“战略行为转变”和“真实理念转变”，这一点常常被人忽略（Nilsson，2005）。

（2）研究和证据对于学习和政策制定的作用

研究可以极大地影响政策（近期案例如关于气候变化的生物物理学和经济学研究；参见 IPCC，2007；Stern et al.，2006 等）。但是，正如一些学者（如 Carden，2004；Owens，2005；Neilson，2001）指出，经由研究、政策评价或评估产生的信息，并不会自动带来决策和学习的改善。诸如激励机制、时机、成本、知识吸收和理解能力和公共舆论等因素，都可以限制知识向政策决策的转变。

追踪研究知识对决策过程影响通常很困难，部分原因在于研究和政策过程间存在许多间接联系和时间差。很可能在初始研究进行几年甚至几十年后，政策过程才将研究知识内化（Neilson，2001）。影响研究向政策转换的另一个事实是：多数研究都属渐进型和累积型，而且有待于政策过程对其翻译、理解和调整。这又引出另一个难点——如何把研究知识与政策过程中的其他知识、信息和观点加以区分。一些人甚至认为，学术圈和政治圈之间存在文化鸿沟，这严重阻碍了政策对研究的吸收（Caplan，1979）。Weiss（1977）对这一观点的委婉表述是，通常我们不要指望研究对政策迅速产生直接的影响（线性影响）。相反，政策对研究知识的汲取是缓慢的、逐渐的，而且取决于组织（政治圈）对新科学知识的开放度。研究具有启发功能，会缓慢渗入政策领域，逐渐改变官员或决策者的思维。当然，如果有其他行动和事件能够推动研究知识登上台面，那么研究也可能迅速地改变政治领域的优先序。

在谈论研究和评价对于学习和政策制定过程的作用时，时间也是一个值得考虑的重要因素。虽然新证据短期内对决策往往没有什么影响，但其长期影响可能会很大。

（3）不同类型政策过程中的学习

很多因素都决定着证据和学习在政策过程中的作用大小，而 Lindquist（2001）则单独强调了政策过程中的组织（或组织网络）的决策模式的重要性。他区分了例行性决策、渐进性决策和根本性决策三种模式。例行性决策主要强调使项目与新情况相匹配和适应，一般不吸收研究或分析工作提出的关于变革的建议。渐进性决策是在不动摇现有政策全局的条件下，选择性地处理一些新问题，它可考虑政策分析指出的不同解决方案。相对而言，根本性决策很少发生，因为它涉及对政策问题解决方法的重新思考，例如起因于危机爆发或政府更迭。出于对根本性政治变革的期待，或者说为适应剧烈的政权更替，人们对研究和新信息的需求和开放度得以提高。根本性决策为社会学习以及更广义的变革提供了机遇。

（4）与“知识基础和社会冲突程度”关联的学习范围

学习（Nilsson and Persson，2003）、政策评价的作用（Kornov and Thissen，2000）和政策实施的情况（Matland，1995）取决于是否具备充分的知识以及决策过程涉及的社会冲突程度，一些分析者对此作了简单的分类阐释（见表1）。

表1　学习问题情形分类和办法建议

	价值/利益冲突不多	价值/利益激烈
知识基础良好 不确定性/模糊性低	理性的问题解决方式 技术学习	思索 谈判支持
知识基础弱 不确定性/模糊性高	风险方法，实验 再研究	催化式和创业型方法

在社会共识良好和知识完善的情况下，更有可能基于“事实和技术学习（而非概念学习）”，理性地解决问题。而当社会共识良好但知识贫乏时，研究则可扮演重要角色。由于决策阶段存在模糊性，因而实施阶段的实验和学习具有重要作用。模糊性“为学习新的方法、技术和目标提供了契机”（Matland，1995）。当社会冲突激烈时，尤其是还缺乏知识时，学习的前景十分黯淡。各主体的目标都是明确而且与他人不相容的，他们没有多少互动的意愿，此时，发生政治学习的可能性很大，而真正的信念转变则不太可能。各主体对其自身行动都已作好战略部署，在此情况下，掌控决策方向的是权力，而不是学习，因此，一些偏重于分析的见解无助于改善决策（Matland，1995）。

更有成果的做法是专注于鼓励不同利益之间的互动、对话和谈判，以便为利益相关群体带来更多新信息（Nilsson and Persson，2003；Kornov and Thissen，2000）。

以上这一基本但稍显简单的分类，存在“使认识过于简化”的风险。然而，我们想要强调的观点是——无论对于学习机遇的产生来说，还是对于设计一个合理的 SEA 方法来说，知识水平和社会冲突程度都是重要的影响因素（Kornov and Thissen，2000）。

（5）为学习而制定的制度

不同制度对社会学习的促进作用是不同的。有关“决策方式、地点和参与者”的正式和非正式规则，是决定学习成果的重要因素。例如，许多国家的中央政府都属于“议价模式”（bargaining model），即在多部门谈判中，各部委都力争保护自身核心利益。这种制度安排不仅不能促成学习，反而还会导致部门争斗和策略性地运用知识。相对而言，类似于议会委员会，或围绕某主题成立的跨部门工作组等制度，更有助于学习（Nilsson，2005；Pillai，2008）。

组织研究表明，组织对新观点的学习和吸收能力通常是有限的。组织更倾向于接受与其世界观相符的知识，抵制那些挑战其世界观的知识（Nilsson，2006）。March（1991）认为，“探索新的可能”和“挖掘旧的潜力”各有利弊，是组织需要权衡的两种选择。“探索”的本质是试验新方法，这种学习行为带来的回报是长期性的。而“挖掘”的本质是对已有的能力、技术和想法的细化和延伸，其带来的回报是即时性的。许多强力因素的存在，都促使组织更青睐“挖掘”（March，1991）。认识到这些阻碍因素的存在，人们通常认为，通过外界力量来启动学习是必要的（Sabatier and Weible，2007；Nilsson，2006）。这种力量通常是指，对权势主体之间的或网络中的权力关系足以造成改变的外部冲击（external shocks）（Sabatier and Weible，2007）。

网络理论认为，在政策领域，当拥有不同利益和理念的主体开始互动时，学习就发生了。然而，如何设计制度以促进这种有利于社会学习的互动，相关文献没有作出明确指导。例如，

Nooteboom（2007）指出，在荷兰，环境影响评价作为一项正式制度，促成了卓有成效的学习过程。若想将参与作为硬性要求予以制度化，可要求政府使民间社会参与到减贫战略的制定中，然而，它对学习产生的效果却是参差不齐的。法定参与制度，在一些国家（如洪都拉斯）大大提升了NGOs的地位，并促进了政治开明化（Seppanen，2005）；但在其他更多国家，却没有产生明显成果（IEO，2004；OED，2004），如在玻利维亚，它反而加剧了现实与期望的落差，挫伤了贫困人口的热情（Dijkstra，2005）。

2. SEA和社会学习

社会学习能够大大提升I-SEA的影响力，使其发挥出比离散型政策干预更大的效果，因此，世界银行将社会学习视为I-SEA的一个重要手段。世界银行（2005）认为："改善政策学习——技术的、概念的和社会的——有赖于加强主体间的交流对话，并定期进行评估。"因为"让民众来监督和评估的制度体系，无论是对技术学习，还是对于民主式合法性和公众信心，都具有重要作用"，所以提升环境政策方面的社会学习，就应该"营造一种利益相关方参与以及对政策制定者和执行者的审查文化"。Ahmed和Sánchez-Triana（2008）认为，为了促进社会学习，I-SEA应注重以下方面：

- 环境问题"政治化"：把环境问题与更广泛的发展问题绑定在一起，把环保部门的议程同其他权势部门的议程整合起来。
- 强化政策宣传网络，创建公共的政策辩论平台，确保多样观点持续介入决策者议程。
- 创建有效的透明化的机制，支持媒体对政策及其实施情况予以监督，从而增强责任。

上述三点认识说明，社会学习是多种不同行动的结果。世界银行提升社会学习的方法，大概扎根于适应性管理、协作性规划、互动型决策等现代理论；关于上述理论，读者可参考有关文献，如Feldman和Khademian（2008）、Healey（1997）、Innes和Booher（1999）。由于社会学习对背景因素极为敏感，因而在激励社会学习上，并不存在单一的最好办法。与其说社会学习是一门科学，不如说它是一门艺术，I-SEA 的主要思考方向应该是，在特定背景下哪种办法才是可行的。

关于"I-SEA 如何在不同决策环境下，最大限度地促进社会学习"的讨论，是对 I-SEA 框架的一个很有趣的拓展[关于这一点的讨论，可参见 Kornov 和 Thissen（2000）及 Lindquist（2001）]。"使 SEA 过程尽可能公开化"和"学习效果的最大化"两者之间是否存在此消彼长的利弊关系？如果 I-SEA 试点评估能够对此作出分析，也将是一件很有趣的事。在一种"并不完全曝光于媒体和公众审查"的环境下，利益相关方是否更有意愿去挑战旧权贵？

难以对社会学习这一宽泛概念作出面面俱到的分析，可能是该部分 I-SEA 理论的主要缺陷。学习概念的宽泛性以及学习过程的缓慢性这一特点，使得我们很难依靠经验来评判学习是否发生了，也很难将可能发生的改变归功于 I-SEA。世界银行（2005）也意识到了这一点并指出：对学习的作用的研究，应当放在一个大时间尺度下进行；对于学习的实际发生的潜力，人们应持保守的期望。但即使这样，正如 Bennet 和 Howlett（1992）指出，"脱离对发生的改变作出解释，是难以观察学习活动的""我们可能只能根据政策发生变革，来推断学习也发生了"。对于 SEA 来说，在"把环境考量融入政策形成"这一目标下，明确地区分出学习活动，是非常重要的。进一步辨识与政策学习和 I-SEA 相关的概念，并回答下列问题，是一个不错的入手点（Bennet and Howlett，1992；Nilsson，2006）：

- 谁学习？主要是政府官员和决策者学习，还是更广泛的社会主体学习？
- 学什么？主要是技术学习，还是针对更深刻的问题和战略，进行概念重塑？
- 学习的关键要素是什么？是获取新知识，还是总结经验，又或者是制度化？
- 学习的结果是什么？学习对政策结果产生了什么影响？

最后，社会学习应该是社会主体主动进行的，如果他们愿意这么干的话。外界干预无法强迫任何主体学习。正如常言所说："你可以把骆驼拉到井边，但你无法强迫它喝水。"虽然建立责任机制可以提高主体间的相互依存意识，但是参与者仍可能无法在利益方面达成共识。因此，当人们在对待那些要求关注环境的态度上发生转变的时候，也是我们第一时间观察到社会学习之进步的时候。

第三部分 评估 I-SEA

九、I-SEA 试点项目评估框架

本节为世界银行 SEA 试点项目的评估提供指导。针对每一待评估的试点项目，我们都将提供单独分析，其中包含了更多细节信息和指导建议。

评估框架的目标是：a. 形成对 I-SEA 的目标、概念和方法论方面的共识；b. 为试点项目的评估工作确立共同目标和工作范围；c. 形成对不同试点结果的交叉分析。以上只是一般性的目标，评估者在运用此评估框架时应保持灵活，要根据试点项目的特定背景因素，调整评估方法。

1. 评估的目标

评估 SEA 试点项目的总体目标是：了解 I-SEA 方法在“将环境和社会考量融入政策、规划和计划中”的效果，并理解使 I-SEA 具备或缺乏影响力的背景因素。

试点评估的具体目标如下：

① 评估试点对具体政策、规划或项目，以及其背后的根本制度框架（具体政策、规划或项目制定和实施所处的制度框架）的实际或潜在影响；

② 评估背景因素和过程是如何及在何种程度上，使得试点项目形成影响力或缺乏影响力的；

③ 评估试点是如何在适应背景因素和过程的前提下，运用 I-SEA 方法论体系的；

④ 评估试点在多大程度上取得了 I-SEA 过程成果。

2. 评估中应考虑的事项

对 SEA 试点的评估涉及许多挑战。评估者应仔细考虑以下问题。

（1）评估成果而非评估影响

由于评估工作是在各 SEA 试点完成后不久即进行的，因此，关于其对基本制度框架和政治经济环境的长期影响暂且不予评估。我们的工作范围是对 SEA 试点带来的成果进行评估，而非对影响进行评估。所谓成果，是指由 SEA 试点造成的（人、群体或组织的）行为、关系、活动的变化，以及 SEA 涉及的制度之变化（Earl，Carden and Smutylo，2001）。因此，评估应关注观察自 I-SEA 启动后的有限时间内，各种预期和非预期的成果（或变化）。本报告所述 I-SEA 模型认为，几个重要预期成果分别是：对优先环境事项关注的提升，环境支持群体的强化，社会责任机制的增强，以及社会学习能力的提高。一些试点甚至可以将关键环境问题纳入政策拟订和实施过程。在下文关于评估问题的论述中，我们提供了很多关于“什么是预期成果以及如何观察预期成果”的例子。

无从获知基线状况或反事实现象的存在，是成果探究过程面临的主要困难，对此，我们至少应建立一套稳健的叙述结构，对以下几个方面进行阐述：SEA 试点准备如何将环境和社会因素纳入具体干预措施，而实际又发生了什么，原因是什么（见“评估报告”小节）。评估者最好还要考虑该部门内其他的关于“影响决策和强化制度的”经验，以便预测 SEA 项目在未来可能碰到的情况。在能力建设和影响战略决策方面，存在大量经验可供借鉴，至少可以帮助我们判断 SEA 试点的优点和缺点。

（2）分析 I-SEA 对成果的贡献程度，而非两者间的因果关系

SEA 试点评估面临的第二个困难是，观察到的变化是由 SEA 引起的，还是由其他因素引起的？变化很可能由多种因素共同促成，SEA 最多只能算其中之一。评估者不能简单地将 SEA 和观察到的成果用因果关系等同起来，而应该分析 SEA 试点是否对这些成果做出了重要贡献。评估者可以建立 SEA 活动和成果之间的逻辑联系，但不能将其简单地归结为因果关系。

（3）解释成果时，要分析背景因素和 I-SEA 间的相互作用

使 SEA 真正发挥作用的关键之一，是根据背景因素调整 SEA 评价范围和方法（如 Hilding-Rydevik and Bjarnadóttir，

2007）。因此，在评估 SEA 试点对可观察成果的贡献时，应当关注试点项目与背景因素的相互作用关系。评估者应注意区分 SEA 团队可控的因素和外界因素。一个国家的正式和非正式制度、政策改革的机遇、施行政策改革时面对的政治经济条件等，都是关乎 SEA 成果（有利或不利）的外界因素。因此，很难事先判定哪些背景因素对 I-SEA 成果是最重要的。然而，作为一个最基本的原则，评估者应尽早广泛了解与政策干预有关系的历史、政治、经济、社会、文化和制度因素，然后将目光聚焦于那些决定着 SEA 试点能否具备影响力的最重要的因素。

此外，评估者还应该分析 SEA 团队可控因素所发挥的作用，这包括接触并使重要利益相关方和决策者参与到 I-SEA 过程的能力、对 I-SEA 成果的交流传达、抓住影响决策和落实制度改革等机遇的能力。

3．评估的程序

（1）评估团队

试点评估工作由独立于世界银行的专家团队执行。鼓励评估团队吸纳地方专家，或者寻求他们的协助。

（2）评估步骤

每个试点项目的评估工作都涉及以下步骤：

① 准备工作：充分的准备对实地考察来说至关重要。准备活动包括：a．阅读相关文件材料；b．制订实地考察计划，包括访谈计划；c．初步分析背景因素。

② 实地考察：各试点评估必须至少进行一次实地考察。

③ 报告撰写：实地考察期间可撰写评估报告草稿。可对实地考察期间的发现作出论证分析。最终报告应吸纳草案撰写过程中接收到的评论信息。

④ 成果归档：各评估团队都应建立电子数据库，包括文件、访谈成果、面试协议和评估报告依据的其他信息。数据库的建立，可以增强不同试点项目评估结果的可靠性。

（3）评估所依据的材料

评估工作将基于以下材料进行：

① 文件：评估者可以获得关于试点项目的文献资料，包括

概念说明、执行条款、初期报告、中期报告、最终报告以及关于经验教训的总结。此外，评估者还可以搜集更多的资料，以便达到评估目标。

② 访谈：为使评估工作能够参考不同观点和多源证据，至少应访谈三种角色：

a. I-SEA 团队。评估者应采访的 I-SEA 团队成员包括：试点项目经理；积极参与试点实施的世界银行员工；参与 SEA 实施的顾问。世界银行将向评估者提供受访者的姓名及通讯地址。

b. 政策制定者和实施者。采访对象包括参与政策实施的政府职员和在战略层次上采纳 SEA 建议的政府高层人士，如部长、主任、秘书长、政策顾问、政策智囊团等。

c. 重要的利益相关方。评估者将基于 I-SEA 利益相关方分析制订一份访谈名单，其中应包括但不局限于：民间社会利益相关群体的代表人、基层组织、游说者、当地社群、相关的部门内组织（如专业组织），以及受 I-SEA 干预措施直接或间接影响的私营部门。通过广泛的意见征求并将其写入报告，评估者力图使采访对象能够代表所有的重要利益相关方，从而合理考虑多种视角和观点。在实地考察前，访谈名单应由世界银行予以审核。

③ 评估报告：评估报告由四个部分组成。

a. 第一部分（I-SEA 实际的和潜在的影响）将讨论离散干预措施（政策、规划或项目）和 I-SEA 试点项目在将环境和社会考量融入干预措施上的贡献，后者主要通过以下方式实现：

i）影响与部门、国家或区域的政策、规划和计划有干系的决策者和支持群体；

ii）影响世界银行支持下的国家事务（贷款准备），更广泛地说，影响世界银行员工参与的面向地区或全世界的部门干预行动（矿业改革、森林改革、城市规划等）。

该部分的分析应辨识出已发生的政策和制度变化，以及可能促成未来政策和制度变化的机制。

b. 第二部分（I-SEA 的应用和背景）讨论 SEA 的实施背景，包括历史的、政治的、经济的、社会的、文化的和制度的因素，这些因素或许决定了 SEA 是否具备影响力。然后，评估者分析在试点所处的机遇和制约等背景下，该试点是如何应用 I-SEA 方法和手段的。

c. 第三部分（I-SEA 过程成果的产生）将讨论 I-SEA 项目在多大程度上提高了对与离散干预相关的环境社会优先事项的关注，在多大程度上强化了支持群体，在多大程度上增强了社会责任机制和社会学习能力。

d. 在第四部分（I-SEA 有效性和优缺点分析）中，评估者应该得出关于 I-SEA 有效推行的建议，讨论 SEA 试点的优势和局限，分析 I-SEA 过程和历史、政治、经济、社会、文化和制度等背景因素的相互作用。

此外，评估报告还应对评估方式作出说明，并对其结论予以论证。这部分内容是对“方法”的描述，不同于从文献阅读或访谈得出的发现，也不是评估团队专家成员的意见。关于评估中采纳的各种信息源，应以附录形式给出详细说明。

4. 评估中的问题/评估的准则

本节列出了一系列的评估问题，用于指导评估团队如何完成评估目标。这些问题是向评估者提出的，而不是向受访者提出的用于访谈的问题。为了辅助评估者回答一般性的评估问题，我们还列出了更为翔实的细节性问题。这些问题同时也是 SEA 试点发挥影响力（评估问题 1）和产出成果（评估问题 3）的阶段性指标（Weiss，1998）。

SEA 试点评估的一般性问题

1. SEA 为什么能够影响决策过程？它是如何影响决策过程的？

- 从部门、国家、地区对政策、计划或项目的形成过程来看？
- 从世界银行支持的国家事务来看？
- 从其他参与者和过程来看？
- 哪些因素可以解释试点具备或缺失影响力？
- 哪些趋势或过程未来可能促进或阻碍 SEA 试点的影响力？

2．在特定背景下的SEA试点项目是如何开展的？

➢ 如何识别和考虑重要背景因素？

➢ 如何使用分析性的和参与性的手段和方法？

➢ 如何考虑利益相关方的脆弱性特点？

➢ 手段和方法的适宜性、优缺点是什么？

3．试点在何种程度上获得了I-SEA预期成果？这些成果是如何获得的，为什么能获得？

预期成果：

➢ 提升了政策改革、规划和计划过程中对环境和社会优先事项的关注

➢ 强化了支持群体

➢ 增强了社会责任机制

➢ 提高了社会学习能力

SEA试点的其他成果？

4．以影响决策过程为目的的SEA试点项目具有哪些优点和缺点？

SEA试点评估的细节性问题

1．SEA为什么能够影响决策过程？它是如何影响决策过程的？

a．从部门、国家或地区的政策、规划、计划的形成过程来看？

➢ 提高了对环境社会优先问题的整合度？

➢ 具体的政策决策，例如执法权力的设置、司法决定和规定？

b．从世界银行支持的国家事务来看？

➢ 为支持客户国的政策、规划或计划的世界银行项目或贷款而做的准备？

➢ 客户国和世界银行间的对话？

➢ 世界银行中的其他工作过程和参与者，例如在地区或世界范围内参与类似的部门干预行动的职员？

c. 从其他主体和过程来看?

➢ SEA 试点涉及个人、组织、机构在行为、关系或行动上的变化?

d. 能解释试点产生影响力或缺乏影响力的因素有哪些?

e. 哪些趋势或过程可能促进或阻碍 SEA 试点对未来的影响力?

➢ SEA 试点如何寻求使其影响力超越一次离散的政策干预?

2. 在特定背景下的 SEA 试点项目是如何开展的?

a. 如何识别并考虑重要的背景因素?

➢ 决策过程中起关键作用的历史、政治、经济、社会、文化和制度因素(正式/非正式)?

➢ 影响拟议干预措施可行性的政治经济因素?

➢ 抓住运用离散干预措施影响决策过程的时机,如何处理时机流失造成的不良影响?

b. 如何在下述过程中使用分析性和参与性手段与方法?

➢ 利益相关方对话?

➢ 鉴别和选择环境和社会优先事项?

➢ 制度和政治经济学分析?

➢ 试点建议的验证和宣传?

c. 如何考虑利益相关方的脆弱性,如性别歧视、青年失业、农民土地所有权/产权较弱等?

d. 使用的手段和方法的适宜性及优缺点?

3. 试点在何种程度上获得了 I-SEA 预期的过程成果?这些成果是如何获得的,为什么能获得?

a. 对优先环境(社会)事项的关注得到提升

➢ 优先事项是否得到明确界定?是否形成文件?

➢ 优先环境事项是否被“政治化”,是否与增长、减贫或其他主要发展问题联系起来?

➢ 优先事项在何种程度上得到重要利益相关方的共识?

➢ 试点是如何帮助提高对优先事项的关注的?

b. 支持群体得到强化

➢ 哪些支持群体得到了强化(民间组织、社区组织、私营部门、官员网络、多类主体共同组成的网络）？

- SEA 报告完成后，利益相关方参与活动及其网络是否得到继续？

c. 社会责任机制得到增强

- 在环境领域，是否有新立法或法律修改行为，以保障信息权、公众参与权和公平权？
- 保障以上法定权力执行的制度机制是否得到改善？
- 是否有保障利益相关方（特别是弱势利益相关方）参与到战略决策的机制？
- 政策决策透明度是否提高了，媒体监督是否加强了？
- 是否有其他责任机制通过 SEA 试点得到强化？

d. 社会学习得到加强

- 谁学习了？主要是政府官员和决策者学习了，还是更广泛的社会主体学习了？
- 在世界银行，是某一个任务领队学习了，还是多个部门性的任务领队们都学习了？
- 学到了什么？主要是技术性学习，还是对根本问题和战略重新进行了概念学习？
- SEA 试点是否为以下行动创立或强化了机制？
  - 跨部门或多部门协调？
  - 针对政策改革涉及的不同利益相关方和不同的环境社会观点进行的对话？
  - 对政策变化潜在受损方的补偿？
  - 监测和评估，为政策规划的微调提供反馈？
  - 将决策圈与研究团体对接起来？

e. SEA 试点还促成了其他什么成果？

4. 以影响决策过程为目的的 SEA 试点项目具有哪些优点和缺点？

附件

面向环境管理的制度能力分析清单

接收信息	平衡利益和达成共识	执行和实施决定
监测环境质量，为优先事项的设定和公共政策的制定提供参考信息	识别重要政府机构和利益相关方，以及两者间的权责关系（包括与EA相关的）、利益关系、激励关系（组织映射在这里很有用处）	正式规则（如宪法框架、法规条例框架、EA立法）的空白——塑造对关键主体的激励
向公众披露信息；能够对公民忧虑作出响应的机制	重要机构的行为机制（如领导力、组织文化、人员数量和质量、利益冲突）	正式规则和非正式规则间的背离（如对法律和财产权规定的尊重程度、内部责任机制和外部责任机制并存）
评估对具体优先环境事项的要求	在优先环境事项管理领域投入足够的财政资金，并保证分配和开支的透明性	监督机构的独立性
	对部委和利益相关方进行协调的正式和非正式规则；横向责任机制；部委的EA能力	司法系统的作用
	次国家层面的环境管理，不同行政等级间的责任机制；次国家层面的EA权责和能力	

来源：Pillai和Lunde（2006）。

注　释

1　环境经济学部，经济系，哥德堡大学（daniel.slunge@economics.gu.se）。

2　公共管理系，鹿特丹伊拉斯姆斯大学（nooteboom@fsw.eur.nl）。

3　环境经济学部，经济系，哥德堡大学（anders.ekbom@economics.gu.se）。

4　公共管理系，鹿特丹伊拉斯姆斯大学（dijkstra@fsw.eur.nl）。

5　荷兰环境评估委员会（Rverheem@eia.nl）。

6 即将环境问题推上更广阔的政治议程，使其与主要发展问题（如减贫和经济发展）相连接（World Bank，2005；Ahmed and Sánchez-Triana，2008）。

7 利益相关方代表的可能性、形式和技术是较丰富的。有关概述可参见肯德-罗布和凡·威克莱恩（2008），或英尼斯和布赫（1999）。

8 例如参见，《埃斯波公约》关于跨界环境评估的有关内容，《奥胡斯公约》授权公众信息、参与和决策过程公平权利的有关内容，及《基辅议定书》关于战略环境评价实施《埃斯波公约》的有关内容。

9 其他定义参见 Arild VATN 于 2005 年出版的《机制与环境》。而诺斯的定义，可以说是一种理性制度论，它强调激励及个体在规则范围内的理性行动。而另一方面，标准的制度主义论则强调，价值观、准则和“适当性逻辑”是解释行动和选择的中心因素（March and Olsen，1989）。

10 根据诺斯（1990），“组织”可以被认为是“出于达成某一相同目标的个人组成的团体”。

11 机构和开发框架（IAD），是由埃莉诺·奥斯特罗姆和他的同事开发的，用来进行机制分析的类似分层框架（Ostrom，2005）。IAD 分析的层级包括章程领域、集体选择领域和行动领域。IAD 相比较威廉姆森讨论的框架更为精细，但此处不能进行详述。

12 但是 Zhang（2007）介绍了，如何在激励和/或交易成本变化的情况下，更迅速地改变文化。

13 由世界银行研究院发布，http://www.govindicators.org。

14 或如罗德里克（2006）指出的那样，“告诉非洲或拉丁美洲的贫困国家，把目光投向美国或瑞典现正适用的机制，无异于告诉它们，发展的唯一途径是成为发达国家——这是毫无用处的政策建议！”

15 坦桑尼亚、莫桑比克、马里和加纳。

16 例如：在 2005—2006 年，加纳环境保护署管理了 28 项由 10 个不同资助机构支持的独立项目。

17 A 对 B 负责，即 A 有义务告知 B 其行动或决策，从而使它们生效，并接受不当行为情况下的惩罚。

18 这通常根据主要代理框架分析，主体（公众）委托代理（政客或决策者）设法完成特定目标。然后下一步骤的主体是政客、代理人和公务员（Batley，2004；Adsèra，Boix and Payne，2003）。

19 应当指出的是，腐败往往与自然资源管理有关（Veit et al.，2008；Transparency International，2008）。

20 概述参见世界银行社会责任读物。

21 《奥胡斯公约》中有关信息访问、公众参与决策、在环境问题上获得公正的内容。

22 参见 http://www.accessinitiative.org。

23 这一概念化基于 Glasbergen（1996）有关荷兰环境政策的工作，它为数名分析师采用，包括 Fiorino（2001）、Ebrahim（2008）和 Nilsson（2006）（带有修改）。“学习文献”中的其他概念包括政府学习、经验教训和政治学习（Bennett and Howlett，1992）。

24 本节所介绍的评估框架，一定程度上建立于经合组织发展援助委员会战略环境评价指导之上（OECD DAC，2006）。但是，它涉及“战略环境评价质量控制检测”的内容较少（经合组织发展援助委员会认为这一项内容是评定良好实践的基准）。详细信息可参见近期的“通用战略环境评价质量评价方法”提案（Sadler and Dalal-Clayton，2009）。

25 有关评估复杂变革过程时面临的挑战的更详细信息，可参见 Weiss（1998）；George 和 Bennett（2005）；Yin（2003）。

26 “影响”指“由发展干预直接或间接、有意或无意带来的积极和消极变化。它包括地方社会、经济、环境和其他发展指标产生的主要影响和效果”（OECD DAC，2008）。

27 “结果”的这一定义，来自国际发展和研究中心和其他机构，把结果绘制作为评价方法的有关工作。这一评价引入了“机制”这一术语，是之前 Earl、Carden 和 Smutylo（2001）对结果的定义中所没有的。这一研究用“边界伙伴”这一术语指称直接同项目进行互动的个人、团体和组织。

28 参见“关于制度的观点”部分有关非正式机构对正式机构实际表现重要性的讨论。

29 哥德堡大学经济系环境经济学部和荷兰环境评估委员会将评估两项试点，而瑞典环境评价中心将评估一项试点。其余试点将由世界银行委托给在政策/机制分析、案例研究战略方面拥有专业知识和战略环境评价经验的个体顾问进行评估。

参考文献

执行摘要/Executive Summary

[1] Ahmed，Kulsum，and Ernesto Sánchez-Triana，eds. 2008. Strategic Environmental Assessment for Policies：An Instrument for Good Governance. Washington，DC：World Bank.

[2] North，D. C. 1994. "Economic Performance Through Time." American Economic Review 84：359-68.

[3] World Bank. 2005. "Integrating Environmental Considerations in Policy Formulation：Lessons from Policy-Based SEA Experience." Report 32783，World Bank，Washington，DC.

一、简介/Introduction

[1] Ahmed，Kulsum，and Ernesto Sánchez-Triana，eds. 2008. Strategic Environmental Assessment for Policies：An Instrument for Good Governance. Washington，DC：World Bank.

[2] Fischer，Thomas B. 2007. Theory and Practice of Strategic Environmental Assessment：Towards a More Systematic Approach. London：Earthscan.

[3] OECD DAC（Organisation for Economic Co-operation and Development，Development Assisstance Committee）. 2006. Applying Strategic Environmental Assessment：Good Practice Guidance for Development Cooperation. Development Assistance Committee Guidelines and Reference Series. Paris：OECD Publishing.

[4] Partidario，Maria R. 2000."Elements of an SEA Framework：Improving the Added Value of SEA." Environmental Impact Assessment Review 20：647-63.

[5] World Bank. 2001. Making Sustainable Commitments：An Environment Strategy for the World Bank. Washington，DC：World Bank.

[6] World Bank. 2004. Operational Policies. Development Policy Lending O.P. 8.60，The World Bank Operational Manual. http://go.worldbank.org/ZODRFHOQI0.

[7] World Bank. 2005. "Integrating Environmental Considerations in Policy Formulation：Lessons from Policy-Based SEA Experience." Report

32783，World Bank，Washington，DC.

二、I-SEA 概念模型/Institution-Centered SEA—A Conceptual Model

[1] Blair，Harry. 2008.“Building and Reinforcing Social Accountability for Improved Environmental Governance.” In Strategic Environmental Assessment for Policies：An Instrument for Good Governance，ed. Kulsum Ahmed and Ernesto Sanchéz-Triana，127-57. Washington，DC：World Bank.

[2] Cohen，Michael D.，James G. March，and Johan P. Olsen. 1972.“A Garbage Can Model of Organizational Choice.” Administrative Science Quarterly 17（1）：1-25.

[3] Kingdon，J. W. 1995. Agendas，Alternatives，and Public Policies. New York：Harper Collins.

[4] World Bank. 2005.“Integrating Environmental Considerations in Policy Formulation：Lessons from Policy-Based SEA Experience.” Report 32783，World Bank，Washington，DC.

[5] World Bank. 2008. Evaluation of the World Bank's Pilot Program on Institution-Centered SEA：Concept Note. Washington，DC：World Bank.

三、理解政策过程/Understanding Policy Processes

[1] Ahmed，Kulsum，and Ernesto Sánchez-Triana，eds. 2008. Strategic Environmental Assessment for Policies：An Instrument for Good Governance. Washington，DC：World Bank.

[2] Ashby，W. R. 1956. Introduction to Cybernetics. London：Chapman and Hall.

[3] Beck，U. 1992. Risk Society：Towards A New Modernity. London：Sage.

[4] Cohen，Michael D.，James G. March，Johan P. Olsen. 1972.“A Garbage Can Model of Organizational Choice.” Administrative Science Quarterly 17（1）：1-25.

[5] De Bruin，J. A.，E. F. Ten Heuvelhof，and R. J. In't Veld. 1998. Procesmanagement：over procesontwerp en besluitvorming [Process management：About process design and decision-making]. Schoonhoven，Netherlands：Academic Service.

[6] Feldman，Martha，and Anne Khademian. 2008.“The Continuous Process of Policy Formulation.” In Strategic Environmental Assessment for

Policies：An Instrument for Good Governance，ed. Ahmed Kulsum and Ernesto Sánchez-Triana，37-59. Washington，DC：World Bank.

[7] Gould，J.，ed. 2005. The New Conditionality：The Politics of Poverty Reduction Strategies. London and New York：Zed Books.

[8] Hilding-Rydevik，T.，and H. Bjarnadóttir. 2007. "Context Awareness and Sensitivity in SEA Implementation." Environmental Impact Assessment Review 27：666-84.

[9] Hill，Michael. 2005. The Public Policy Process，4th ed. Essex，UK：Pearson.

[10] Kickert，W. J.，E. H. Klijn，and J. F. Koppenjan. 1997. Managing Complex Networks：Strategies for the Public Sector. London：Sage Publications.

[11] Kingdon，J. W. 1995. Agendas，Alternatives，and Public Policies. New York：Harper Collins.

[12] Kornov，L.，and W. A. H. Thissen. 2000. "Rationality in Decision- and Policy-Making：Implications for Strategic Environmental Assessment." Impact Assessment and Project Appraisal 18（3）：191-200.

[13] Lindblom，C. 1959. "The Science of Muddling Through." Public Administration Review 19：79-88.

[14] Lindquist，E. 2001. Discerning Policy Influence：Framework for a Strategic Evaluation of IDRC-Supported Research. Ottawa：International Development Research Centre Evaluation Unit.

[15] Lipsky, M. 1980. Street-Level Bureaucracy: Dilemmas of the Individual in Public Services. New York：Russell Sage Foundation.

[16] Nooteboom，S. 2006. Adaptive Networks：The Governance for Sustainable Development. Delft，Netherlands：Eburon.

[17] Pressman，J. L.，and A. Wildavsky. 1973. Implementation：How Great Expectations in Washington are Dashed in Oakland. Berkeley，CA：University of California Press.

[18] Ritter，H. W. J.，and M. M. Webber. 1973. "Dilemmas in a General Theory of Planning." Policy Scienccs 4：155-69.

[19] Sabatier P. A.，and H. C. Jenkins-Smith，eds. 1993. Policy Change and Learning：An Advocacy Coalition Approach. Boulder，CO：Westview.

[20] Schön，D. A.，and M. Rein. 1994. Frame Reflection：Toward the Resolution of Intractable Policy Controversies. New York：Basic Books.

[21] Simon，H. A. 1957. Administrative Behavior：A Study of Decision-Making Processes in Administrative Organizations. New York：MacMillan.

[22] Simon，H. A. 1991. "Bounded Rationality and Organizational Learning." Organization Science 2（1）：125-34.

[23] Susskind L. E.，R. K. Jain，and A. O. Martyniuk. 2001. Better Environmental Policy Studies. How to Design and Conduct More Effective Analyses. Washington，DC：Island Press.

[24] Uhl-Bien M.，R. Marion，and B. McKelvey. 2007. "Complexity Leadership Theory：Shifting Leadership from the Industrial Age to the Knowledge Era." Leadership Quarterly 18（2007）：298-318.

[25] World Bank. 2005. "Integrating Environmental Considerations in Policy Formulation：Lessons from Policy-Based SEA Experience." Report 32783，World Bank，Washington，DC.

四、识别优先环境事项/Identifying Environmental Priorities

[1] Ahmed，Kulsum，and Ernesto Sánchez-Triana，eds. 2008. Strategic Environmental Assessment for Policies：An Instrument for Good Governance. Washington，DC：World Bank.

[2] Hamilton，James. 1995. "Pollution as News：Media and Stock Market Reactions to the Toxics Release Inventory Data." Journal of Environmental Economics and Management 28：98-113.

[3] Hausman，Jerry A.，and Peter A. Diamond. 1994. "Contingent Valuation：Is Some Number Better than No Number？" Journal of Economic Perspectives 8（4）：45-64.

[4] Hughey，Kenneth F. D.，Ross Cullen，and Emma Moran. 2003. "Integrating Economics into Priority Setting and Evaluation in Conservation Management." Conservation Biology 17（1）：93-103.

[5] Lynn，Frances M.，and Jack D. Kartez. 1994. "Environmental Democracy in Action：The Toxics Release Inventory." Environmental Management 18（4）：511-21.

[6] OECD DAC（Organisation for Economic Co-operation and Development，Development Assistance Commitee）. 2006. Applying Strategic

Environmental Assessment：Good Practice Guidance for Development Cooperation. Development Assistance Committee Guidelines and Reference Series. Paris：OECD Publishing.

[7] Owens，Susan，Tim Rayner，and Olivia Bina. 2004. "New Agendas for Appraisal：Reflections on Theory，Practice，and Research." Environment and Planning 36：1943-59.

[8] Rijsberman，Michiel A.，and Frans H. M. van de Ven. 2000. "Different Approaches to Assessment of Design and Management of Sustainable Urban Water Systems." Environmental Impact Assessment Review 20：333-45.

[9] Stephan，Mark. 2002. "Environmental Information Disclosure Programs：They Work，But Why？" Social Science Quarterly 83（1）：190-205.

[10] Van der Heide，C. Martijn，Jeroen C. J. M. van den Bergh，and Ekko C. van Ierland. 2005. "Extending Weitzman's Economic Ranking of Biodiversity Protection：Combining Ecological and Genetic Considerations." Ecological Economics 55：218-23.

[11] Weitzman，M. L. 1998. "The Noah's Ark Problem." Econometrica 66：1279-98.

[12] Wilkins，Hugh. 2003. "The Need for Subjectivity in EIA：Discourse as a Tool for Sustainable Development."Environmental Impact Assessment Review 23：401-14.

[13] World Bank. 2005. "Integrating Environmental Considerations in Policy Formulation：Lessons from Policy-Based SEA Experience." Report 32783，World Bank，Washington，DC.

五、提高利益相关方代表性/Strengthening Stakeholder Representation

[1] Ahmed，Kulsum，and Ernesto Sánchez-Triana，eds. 2008. Strategic Environmental Assessment for Policies：An Instrument for Good Governance. Washington，DC：World Bank.

[2] Arnstein，Sherry R. 1969. "A Ladder of Citizen Participation." Journal of the Institute of Planners 35：216-24.

[3] Beierle，Thomas C.，and David M. Konisky. 2001. "What Are We Gaining from Stakeholder Involvement？Observations from Environmental Planning in the Great Lakes." Environment and Planning C：Government

and Policy 19：515-27.

[4] Bekkers，Victor，Geske Dijkstra，Arthur Edwards，and Menno Fenger，eds. 2007. Governance and the Democratic Deficit：Assessing Democratic Legitimacy of Governance Practices. Aldershot，UK：Ashgate.

[5] Dijkstra，Geske. 2005.“The PRSP Approach and the Illusion of Improved Aid Effectiveness：Lessons from Bolivia，Honduras and Nicaragua.” Development Policy Review 23（4）：443-64.

[6] Edwards，Arthur. 2007. “Embedding deliberative democracy：Local environmental forums in The Netherlands and the United States.” In Governance and the Democratic Deficit：Assessing the Democratic Legitimacy of Governance Practices，ed. V. Bekkers，G. Dijkstra，A. Edwards，and M. Fenger. Aldershot/Burlington，UK：Ashgate.

[7] Innes，J. E.，and D. E. Booher. 1999. “Consensus Building and Complex Adaptive Systems：A Framework for Evaluating Collaborative Planning.” Journal of the American Planning Association 65（4）：412-23.

[8] Kende-Robb，Caroline，and Warren A. van Wicklin III. 2008. “Giving the Most Vulnerable a Voice.” In Strategic Environmental Assessment for Policies：An Instrument for Good Governance，ed. Kulsum Ahmed and Ernesto Sánchez-Triana，95-126. Washington，DC：World Bank.

[9] Kickert，W. J.，E. H. Klijn，and J. F. Koppenjan. 1997. Managing Complex Networks：Strategies for the Public Sector. London：Sage Publications.

[10] Molenaers，Nadia，and Robrecht Renard. 2006. “Participation in PRSP Processes：Conditions for Pro Poor Effectiveness.” Discussion Paper 2006.03，Institute of Development Policy and Management，University of Antwerp.

[11] Transparency International. 2008. Global Corruption Report 2008：Corruption in the Water Sector. Cambridge，UK：Cambridge University Press.

[12] Wood，C. M. 2002. Environmental Impact Assessment：A Comparative Review. 2nd ed. Harlow，UK：Pearson/Prentice Hall.

[13] World Bank. 2005. “Integrating Environmental Considerations in Policy Formulation：Lessons from Policy-Based SEA Experience.” Report

32783，World Bank，Washington，DC.

六、分析制度的能力和制约因素/Analyzing Institutional Capacities and Constraints

[1] Acemoglu，D.，S. Johnson，and J. Robinson. 2004. “Institutions as the Fundamental Cause of Long-Run Growth.” National Bureau of Economic Research Working Paper 10481，National Bureau of Economic Research，Cambridge，MA.

[2] Ahmed，Kulsum，and Ernesto Sánchez-Triana，eds. 2008. Strategic Environmental Assessment for Policies：An Instrument for Good Governance. Washington，DC：World Bank.

[3] Chang，Ha-Joon. 2007. Bad Samaritans：Rich Nations，Poor Policies and the Threat to the Developing World. London：Random House Business Books. Grindle，Merilee S. 2004. “Good Enough Governance：Poverty Reduction and Reform in Developing Countries.” Governance 17（14）：525-48.

[4] Kaufmann，D.，A. Kraay，and M. Mastruzzi. 2008.“Governance Matters VII：Aggregate and Individual Governance Indicators 1996-2007.” Policy Research Working Paper 4654，World Bank，Washington，DC.

[5] Lawson，Andrew，and Neil Bird. 2008. Government Institutions，Public Expenditure and the Role Of Development Partners：Meeting The New Challenges Of The Environmental Sector. London：Overseas Development Institute.

[6] March，J. G.，and J. P. Olson. 1989. Rediscovering Institutions：The Organizational Basis of Politics. New York：Free Press.

[7] Nilsson，M. 2005. “Learning，Frames，and Environmental Policy Integration：The Case of Swedish Energy Policy.” Environment and Planning 23：207-26.

[8] Nooteboom，S. 2007. “Impact Assessment Procedures and Complexity Theories.” EIA Review 27：645-65.

[9] North，D. C. 1990. Institutions，Institutional Change and Economic Performance. Cambridge，UK：Cambridge University Prcss.

[10] North，D. C. 1994. “Economic Performance Through Time.” American Economic Review 84：359-68.

[11] OECD（Organisation for Economic Co-operation and Development）. 1999. Donor Support for Institutional Capacity Development in Environment：Lessons Learned. Paris：Working Party on Aid Evaluation.

[12] OECD. 2009. "Assessing Environmental Management Capacity：Towards a Common Reference Framework." Environment Working Paper No. 8，background report for the joint Task Team on Governance and Capacity Development for Natural Resource and Environmental Management，OECD Publishing，Paris.

[13] Ostrom，E. 2005. Understanding Institutional Diversity Princeton，NJ：Princeton University Press.

[14] Ostrom，E.，L. Schroeder，and S. Wynne. 1993. Institutional Incentives and Sustainable Development：Infrastructure Policies in Perspective. San Francisco：Westview Press.

[15] Pillai，Poonam. 2008. "Strengthening Policy Dialogue on Environment：Learning from Five Years of Country Environmental Analysis." Environment Department Paper 114，World Bank，Washington，DC.

[16] Pillai，P.，and L. Lunde. 2006. "and Institutional Assessment：A Review of International and World Bank Tools." Environment Strategy Paper 11，World Bank，Washington DC.

[17] Rodrik，Dani. 2000. "Institutions for High-Quality Growth：What They Are and How to Acquire Them." Studies in Comparative International Development 35（3）：3-31.

[18] Rodrik，Dani. 2006. "Goodbye Washington Consensus，Hello Washington Confusion? A Review of the World Bank's Economic Growth in the 1990s：Learning from a Decade of Reform." Journal of Economic Literature 44（4）：973-87.

[19] Turnpenny，John，Måns Nilsson，Duncan Russel，Andrew Jordan，Julia Hertin，and Björn Nykvist. 2008. "Why Is Integrating Policy Assessment So Hard? A Comparative Analysis of the Institutional Capacities and Constraints." Journal of Environmental Planning and Management 51（6）：759-75.

[20] Vatn，Arild. 2005. Institutions and the Environment，Cheltenham，UK：Edward Elgar.

[21] Williamson，O. E. 2000. “The New Institutional Economics：Taking Stock，Looking Ahead.” Journal of Economic Literature 38：593-613.

[22] World Bank. 2003. World Development Report 2003，Sustainable Development in a Dynamic World：Transforming Institutions，Growth，and Quality of Life. Washington，DC：World Bank.

[23] World Bank. 2005. “Integrating Environmental Considerations in Policy Formulation：Lessons from Policy-Based SEA Experience.” Report 32783，World Bank，Washington，DC.

七、增强社会责任/Strengthening Social Accountability

[1] Ackerman，John. 2004. “Co-governance for Accountability：Beyond ‘Exit’ and ‘Voice.’” World Development 32（3）：447-63.

[2] Ackerman，John. 2005. “Social Accountability in the Public Sector.” Social Development Paper Series 82，World Bank，Washington，DC.

[3] Adserà，A.，C. Boix，and M. Payne. 2003. “Are You Being Served? Political Accountability and Quality of Government.” Journal of Law，Economics，& Organization 19（2）：445-90.

[4] Ahmed，Kulsum，and Ernesto Sánchez-Triana，eds. 2008. Strategic Environmental Assessment for Policies：An Instrument for Good Governance. Washington DC：World Bank.

[5] Batley，R. 2004. “The Politics of Service Delivery Reform.” Development and Change 35（1）：31-56.

[6] Blair，Harry. 2008. “Building and Reinforcing Social Accountability for Improved Environmental Governance.” In Strategic Environmental Assessment for Policies：An Instrument for Good Governance，ed. Kulsum Ahmed and Ernesto Sanchéz-Triana，127-57. Washington，DC：World Bank.

[7] Eberlei，Walter. 2001. “Institutionalized Participation in Processes beyond the PRSP.” Institute for Development and Peace（INEF），University of Duisburg-Essen，Germany.

[8] Foti，Joseph，Lalanath de Silva，Heather McGray，Linda Schaffer，Jonathan Talbot，and Jakob Werksman. 2008. “Voice and Choice：Opening the Door to Environmental Democracy.” World Resources Institute，Washington，DC.

[9] Fung，Archon. 2002. “Collaboration and Countervailing Power：Making Participatory Governance Work.” Working paper，Kennedy School of Government，Harvard University，Cambridge，MA. http://www.archonfung.net/papers/CollaborativePower2.2.pdf.

[10] Galbraith，J. K. 1952. American Capitalism：The Concept of Countervailing Power. Boston：Houghton Mifflin.

[11] Hill，Michael. 2005. The Public Policy Process，4th ed. Essex，UK：Pearson.

[12] Kaufman，Robert. 2003. “The Comparative Politics of Administrative Reform：Some Implications for Theory and Policy.” In Reinventing Leviathan：The Politics of Administrative Reform in Developing Countries，ed. Ben Ross Schneider and Blanca Heredia，281-302. Miami：North-South Center Press.

[13] Malena，Carmen，Reiner Forster，and Janmejay Singh. 2004. “Social Accountability：An Introduction to the Concept and Emerging Practice.” Social Development Paper 76，World Bank，Washington，DC.

[14] O’Neill，T.，M. Foresti，and A. Hudson. 2007. Evaluation of Citizens’ Voice and Accountability：Review of the Literature and Donor Approaches. London：Department for International Development.

[15] Schedler，Andreas. 1999. “Conceptualizing Accountability.” In The Self-Restraining State：Power and Accountability in New Democracies，ed. A. Schedler，L. Diamond，and M. F. Plattner. Boulder，CO：Lynne Rienner Publishers.

[16] Transparency International. 2008. Global Corruption Report 2008：Corruption in the Water Sector. Cambridge，UK：Cambridge University Press.

[17] Veit，Peter，Gracian Z. Banda，Alfred Brownell，Shamiso Mtisi，Prudence Galega，George Mpundu Kanja，Rugemeleza Nshala，Benson Owuor Ochieng，Alda Salomao，and Godber Tumushabe. 2008. On Whose Behalf? Legislative Representation and the Environment in Africa. Washington，DC：World Resources Institute.

[18] World Bank. 2005. “Integrating Environmental Considerations in Policy Formulation：Lessons from Policy-Based Strategic Environmental

Assessment Experience.” Report 32783，World Bank，Washington，DC.

八、保障社会学习/Ensuring Social Learning

[1] Ahmed，Kulsum. and Ernesto Sánchez-Triana，eds. 2008. Strategic Environmental Assessment for Policies：An Instrument for Good Governance. Washington，DC：World Bank.

[2] Argyris，Chris，and Donald A. Schön. 1996. Organizational Learning II：Theory，Method，and Practice. Reading，MA：Addison-Wesley.

[3] Bennet，Colin J.，and Michael Howlett. 1992. “The Lessons of Learning：Reconciling Theories of Policy Learning and Policy Change.” Policy Sciences 25：275-94.

[4] Caplan，Nathan. 1979. “The Two-Communities Theory and Knowledge Utilization.” American Behavioral Scientist 22（3）：459-70.

[5] Carden，Fred. 2004. “Issues in Assessing the Policy Influence of Research.” Oxford，Blackwell Publishing Ltd.

[6] Dijkstra，Geske. 2005. “The PRSP Approach and the Illusion of Improved Aid Effectiveness：Lessons from Bolivia，Honduras and Nicaragua.” Development Policy Review 23（4）：443-64.

[7] Ebrahim，Alnoor. 2008. “Learning in Environmental Policy Making and Implementation.” In Strategic Environmental Assessment for Policies：An Instrument for Good Governance，ed. Kulsum Ahmed and Ernesto Sánchez-Triana，159-79. Washington，DC：World Bank.

[8] Feldman，Martha，and Anne Khademian. 2008. “The Continuous Process of Policy Formulation.” In Strategic Environmental Assessment for Policies：An Instrument for Good Governance，ed. Kulsum Ahmed and Ernesto Sánchez-Triana，37-59. Washington，DC：World Bank.

[9] Fiorino，Daniel，J. 2001. “Environmental Policy as Learning：A New View of an Old Landscape.” Public Administration Review 61（3）：322-34.

[10] Glasbergen，Pieter. 1996. “Learning to Manage the Environment.” In Democracy and the Environment：Problems and Prospects，ed. William M. Lafferty and James Meadocroft，175-93. Cheltenham，UK：Edward Elgar.

[11] Healey，P. 1997. Collaborative Planning：Shaping Places in Fragmented Societies. London：Macmillian Press.

[12] IEO（Independent Evaluation Office）. 2004. "IEO Evaluation Report on PRSPs and the PRGF." International Monetary Fund，Independent Evaluation Office，Washington，DC.

[13] Innes，J. E.，and D. E. Booher. 1999. "Consensus Building and Complex Adaptive Systems：A Framework for Evaluating Collaborative Planning." Journal of the American Planning Association 65（4）：412-23.

[14] IPCC（Intergovernmental Panel on Climate Change）. 2007. Climate Change Impacts：Adaptation and Vulnerability. Report of Working Group II to the Fourth Assessment Report of the Intergovernmental Panel on Climate Change. Cambridge：Cambridge University Press，Cambridge.

[15] Kornov，L.，and W. A. H. Thissen. 2000. "Rationality in Decision- and Policy-Making：Implications for Strategic Environmental Assessment." Impact Assessment and Project Appraisal 18（3）：191-200.

[16] Lindquist，E. 2001. Discerning Policy Influence：Framework for a Strategic Evaluation of IDRC-Supported Research. Ottawa：International Development Research Centre Evaluation Unit.

[17] March，James G. 1991. "Exploration and Exploitation in Organizational Learning." Organization Science 2（1）：71-87.

[18] Matland，Richard E. 1995. "Synthesizing the Implementation Literature：The Ambiguity-Conflict Model of Policy Implementation." Journal of Public Administration Research & Theory 5（2）：145-74.

[19] Neilson，Stephanie. 2001. "IDRC-Supported Research and Its Influence on Public Policy. Knowledge Utilization and Public Policy Processes：A Literature Review." Evaluation Unit，International Development Research Centre，Ottawa.

[20] Nilsson，M. 2005. "Learning，Frames，and Environmental Policy Integration：The Case of Swedish Energy Policy." Environment and Planning 23：207-26.

[21] Nilsson，M. 2006. "The Role of Assessments and Institutions for Policy Learning：A Study on Swedish Climate and Nuclear Policy Formation."

Policy Sciences 38：225-49.

[22] Nilsson，M.，and Å. Persson. 2003. "Framework for Analyzing Environmental Policy Integration." Journal of Environmental Policy and Planning 5：333-59.

[23] Nooteboom. S. 2007. "Impact Assessment Procedures and Complexity Theories." EIA Review 27：645-65.

[24] OECD DAC（Organisation for Economic Co-operation and Development，Development Assistance Commitee）. 2006. Applying Strategic Environmental Assessment：Good Practice Guidance for Development Cooperation. Development Assistance Committee Guidelines and Reference Series. Paris：OECD Publishing.

[25] OED（Operations Evaluation Department）. 2004. The Poverty Reduction Strategy Initiative：An Independent Evaluation of the World Bank's Support through 2003. Washington，DC：World Bank.

[26] Owens，Susan. 2005. "Making a Difference? Some Perspectives on Environmental Research and Policy." Transactions of the Institute of British Geographer 30：287-92.

[27] Pillai，Poonam，2008. "Strengthening Policy Dialogue on Environment：Learning from Five Years of Country Environmental Analysis." Environment Department Paper 114，World Bank，Washington，DC.

[28] Sabatier，Paul A.，and Christopher M. Weible. 2007. "The Advocacy Coalition Framework：Innovations and Clarifications."In Theories of the Policy Process，2nd ed.，ed. Paul A. Sabatier，189-220. Boulder，CO：Westview Press.

[29] Seppanen，Maaria. 2005. "Honduras：Transforming the Concessional State？" In The New Conditionality：The Politics of Poverty Reduction Strategies，ed. Paul A. Sabatier，ed.，104-34. London and New York：Zed Books.

[30] Stern，N. 2006. Stern Review on the Economics of Climate Change. London：HM Treasury. Weiss，Carol. 1977. "Research for Policy's Sake：The Enlightenment Function of Social Science Research." Policy Analysis 3（4）：531-45.

[31] World Bank. 2005. "Integrating Environmental Considerations in Policy

Formulation: Lessons from Policy-Based SEA Experience." Report 32783, World Bank, Washington, DC.

九、I-SEA 试点项目评估框架/Framework for Evaluating I-SEA Pilots

[1] Earl, Sara, Fred Carden, and Terry Smutylo. 2001. Outcome Mapping: Building Learning and Reflection into Development Programs. Ottawa: International Development Research Centre.

[2] George, Alexander L., and Andrew Bennett. 2005. Case Studies and Theory Development in the Social Sciences. Cambridge, MA: MIT Press.

[3] Hilding-Rydevik, T., and H. Bjarnadóttir. 2007. "Context Awareness and Sensitivity in SEA Implementation." Environmental Impact Assessment Review 27: 666-84.

[4] OECD DAC (Organisation for Economic Co-operation and Development, Development Assistance Committee). 2006. Applying Strategic Environmental Assessment: Good Practice Guidance for Development Cooperation. Development Assistance Committee Guidelines and Reference Series. Paris: OECD Publishing.

[5] OECD DAC. 2008. "Evaluating Development Cooperation: Summary of Key Norms and Standards." 2nd ed. http://www.oecd.org/dataoecd/12/56/41612905.pdf.

[6] Sadler, Barry, and Barry Dalal-Clayton. 2009. "Generic SEA Quality Review Methodology." Draft commissioned by Canadian International Development Agency and presented to the Organisation for Economic Co-operation and Development, Development Assistance Committee Task Team on SEA, May 30.

[7] Weiss, Carol, H. 1998. Evaluation. 2nd ed. Upper Saddle River, NJ: Prentice Hall.

[8] Yin, Robert K. 2003. Case Study Research: Design and Methods. 3rd ed. London: Sage.

附件/Appendix

[1] Pillai, P., and L. Lunde. 2006. "CBA and Institutional Assessment: A Review of International and World Bank Tools." Environment Strategy Paper 11, World Bank, Washington DC.

附录 C
政策战略环境评价过程方法

本附录讨论的是在政策和部门改革中应用 SEA 的方法。虽然内容不够全面，但为第三章中探讨过的内容做出了补充性的指导和参考。

第一节　现状评估方法

大多数情况下，现状评估属于“案头工作”，仅通过查阅文献和消化 SEA 的专家意见便可完成。

现状评估的重要组成部分之一，是类似于基线研究的环境研究，但它主要基于资料收集和专家判断。现状评估的主要目的是识别关键的环境和社会问题，尤其是那些与经济增长和减少贫困相关的事件。

鉴于政策战略环境评价实践的尺度差距和可用资源差异，应在研究地区开发压力-状态-影响-响应（PSIR）指标框架以帮助建立环境/社会基线。这种框架可能已作为环境状况报告的一部分存在于国家层面。需要强调的是，压力—状态—影响—响应指标框架的开发是一项耗时且昂贵的工作。为了达成现状评估的目的，环境和社会基线工作应简单而迅速。指标既可以来自现有的 PSIR 框架，也可以通过公众咨询来开发。世界银行的“流域环境社会基线发展通用大纲”为此提供了参照。

研究区域或部门的自然状况以及它们对自然资源可能造成的压力应在经济概述中得以呈现。概述要在一定程度上显示出该地区工业、农业和城市发展的潜力，还可以借助社会研究获得有关结构、地理分布、收入水平、收入与资产捐助分布和辖区土地使用权分布的结论。第三章专栏 3.3 给出了塞拉利昂战略环境和社会评估（SESA）及西非矿业部门战略评价（WAMSSA）中使用现状评估方法的两个例子。

现状评估还应简要描述与政策管理问题有关的政策、立法和体制架构。此外，有针对性地分析与待改革部门相关的历史和文化问题，对理解SEA在何种背景应用何种方法的原因也非常重要。这一分析有利于识别影响政策制定和实施的路径依赖因素。

第二节　利益相关方分析方法

很多方法可以全面有效地收集利益相关方数据。在实际收集之前，简要回顾背景文献和国家研究有助于了解该国的政治经济情况。收集数据的首选方法是直接与涉及特定政策区域的利益相关方面谈；其次，采访熟悉该领域的地方专家和涉及政策区域的重要团体与个人。

国家SEA团队成员往往拥有丰富的地方性知识，能提供关键的第一手资料，来确定将哪些团体或个人应纳入利益相关方分析中。因此，在资源和时间允许的条件下，对政策领域或国家领域的当地专家、国际专家和利益相关方进行访谈是非常必要的。

广泛、全面的采访能揭示部门政治经济的许多方面，有利于有效的利益相关方分析。采访的内容和问题应能引出有关决策过程的背景信息，并能确认改革中主要的利益相关方信息。此外，采访还应引出决策过程中利益相关方可能涉及的权力和利益。

采访得到的数据——包括赋予属性的赋值及相应的等级——可以通过图表和矩阵分类呈现，强调了以下特征：a．团体本身；b．其利益（或显著性）；c．其影响力（权利）；d．在改革中的位置。

一种被称为“有效力量”（利益相关方对改革区域其他团体的控制程度）的方法，可以通过权衡利益相关方的显著性和影响力组合来决定。

利益或显著性水平显示了利益相关方参与部门或改革区

域的优先性和重要性。影响力水平反映了利益相关方能推动现有政策和改革中地位的资源和权力的数量及类型。概括来说，这些属性代表了利益相关方能够阻碍或推动改革、结成支持或反对联盟，或具有引导改革进程的能力。因此，利益相关方分析能使我们充分了解利益团体、不同团体的权威和能力层级以及他们对改革的实际感知，这对政策战略环境评价的有效性非常重要。根据相对力量/影响力和显著性组织利益相关方数据，能明确其对改革政策的支持或反对意向。通常用矩阵坐标图来收集和分类这些数据。在数轴上绘制显著性/利益和影响力，可以显示出哪些利益相关方将会在提出的改革中有所得失，及他们能否对进程产生巨大影响。

第三节　环境优先事项选择方法

现状分析中确定的主要环境和社会问题会被提交给利益相关方，用以选择政策战略环境评价优先事项。选择优先事项有许多不同方式。例如，塞拉利昂 SESA 团队运用排序法来确定哪些环境和社会问题是最为重要的。而更大尺度的 SESA，如 WAMSSA，则选择组合方法来列举环境和社会问题的优先事项。WAMSSA 在几内亚、利比里亚和塞拉利昂的首都分别举行了政府、行业和民间社会的焦点小组会议，并在 10 个受到矿业和基础设施发展影响的代表性社区进行调查；此外，还从每个社区中选择了 22～25 个受访者代表大范围的利益相关方。最后，WAMSSA 的环境和社会优先事项在国家研讨会中得以肯定。

选择优先事项的另一种方法是基于潜在假设构建不同的情景。例如，可以使用政策战略环境评价来调查河流流域的不同土地使用政策对环境和社会的影响。作为政策对话的焦点，少数可能的增长情景会通过以下变量的不同假设得到显现：国内对食物、电力和水资源需求的增加；国际上对国家出口需求的增加；城市发展；迁移和产业化。

情景构建是环境优先事项设置的重要组成部分，因为对可能出现的情景进行分析，能使利益相关方相信政策支持者选择政策制定和实施方法的态度是严谨的。换言之，情景分析可以提高 SEA 的合法性（尤其在相关方被要求给出他们自己的情景时）。另外，还存在诸如多标准分析这样的工具，可以帮助利益相关方整理情景方案，对多种方案和标准进行比选。

第四节　制度分析方法

在某些国家，有必要对传统制度进行评估。这种评估能解决与传统价值相关的问题，而这些问题往往影响着利益相关方组织经济、社会和政治体系的方式。首先，要了解目标人群或土著团体在文化属性方面的人种信息。其次，以代表性社区为样本，组织研讨会和焦点小组。此行动的目的，是要收集当地人对权力关系的见解并建立遵循传统的对话方式。文化敏感性对话能加强地方对改革进程的把握。焦点小组和研讨会也可以收集有关团体或社区特征的信息，包括政治特征（如权威排名、影响力范围和地方争端解决机制）、社会特征（如性别角色）、经济特征（如土地所有权系统、自然资源管理、利益再分配）和意识形态特征（如宗教系统、圣地）等。最后，可以用类似第三章提到的制度和能力评价，来评估传统制度对优先事项问题的管理能力，剖析政策变革或部门改革对环境优先事项的潜在影响。

第五节　政治经济分析方法

在实践中，利益相关方分析和政治经济分析之间有着密切联系。利益相关方分析提供了不同团体影响力程度和重要性的初始蓝图。而政治经济分析则进一步解释了是什么驱动着利益相关方的行为。事实上，近期此领域的一些研究所使用的“权力和驱动力的变化性分析”，能更准确地揭示政治经济分析工作的重点。

政治经济学研究通过彻底诊断（涵盖经济和政治过程的正式和非正式方面）对标准评估进行了补充。不同开发机构在进行政治经济分析时所使用的方法有很大差异。世界银行采用的方式倾向于广泛的实地调查，而其他研究方则主要依赖文献综述和地方顾问的经验。

近期回顾了对开发机构进行的政治经济分析方式，如OECD DAC网络管治（2005），结果显示，定量和定性相结合是在改革进程中加强分析深度、加深对政治经济理解的最有效方法。

对政治经济分析兴趣的高涨已然使方法论工具的收集工作更加有效。例如，国际发展部针对变革驱动开展的工作，瑞典国际开发合作署针对权力分析开展的工作，世界银行有关政策改革中的政治经济报告，荷兰外交部的战略管理和腐败评估手段，以及OECD对捐助方管理评价方法进行的调查等。

第六节　政策战略环境评价推荐项的确定方法

通常，推荐项可以通过政策行动矩阵制定，包括短期行动（1～2年）、中期行动（3～5年）、长期行动（5年以上）和监测指标。这种方法可借助监控每一阶段所得的预期成果来评价改革进程，也可以通过评价与推荐项行动相关的风险而做出论断。风险分析包含了某些利益集团用来误导或阻止改革的潜在的蓄意行为。因此，应提前规划分析中对提议和管治变革的保障机制。

注　释

1　可见 http://web.worldbank.org/WBSITE/EXTERNAL/TOPICS/ENVIRONMENT/0,,contentMDK:20874777~menuPK:2462263~pagePK:148956~piPK:216618~theSitePK:244381~isCURL:Y,00.html。

2　例如，参见Annandale和Lantzke（2000）。

3　例如，参见OECD DAC Network on Governance（2005）。

4　详见管理和社会发展资源中心网站：http://www.gsdrc.org/go/topic-guides/political-economyanalysis/tools-for-political-economy-analysis。

参考文献

[1] Annandale，D.，and R. Lantzke. 2000. "Making Good Decisions：A Guide to Using Decision-Aiding Techniques in Waste Facility Siting." Institute for Environmental Science，Murdoch University，Perth，Australia.

[2] OECD DAC（Organisation for Economic Co-operation and Development，Development Assistance Committee）Network on Governance. 2005. "Lessons Learned on the Use of Power and Drivers of Change Analyses in Development Cooperation." Review commissioned by the OECD DAC Network on Governance（GOVNET），final report. http://www.ids.ac.uk/go/idsproject/power-and-drivers-of-change-analyses.

附录 D
"发展合作战略环境评价：回顾过去，展望未来"国际研讨会概要

经济合作与发展组织（OECD）发展援助委员会（DAC）战略环境评价（SEA）工作组和世界银行于 2010 年 4 月 7 日在日内瓦联合举行了一次研讨会，时值第 30 届国际影响评估协会会议之际。主办方包括来自世界银行、现任战略环境评价工作组主席的 Fernando Loayza 和来自加拿大国际开发署（CIDA）的 Peter Croal。

本次研讨会的目的在于回顾战略环境评价的应用历程，包括 OECD DAC 战略环境评价工作组和世界银行战略环境评价试点项目的近期经历，以获得参与方对于更有效地运用战略环境评价进行环境整合的意见反馈，并讨论战略环境评价同世界银行集团（国际发展协会、国际重建和发展银行、国际金融公司和多边投资担保机构）新环境战略的相关性。

本附录其余部分，将介绍当日议程、下午研讨会过程大纲、研讨会结果概要以及研讨会期间分组讨论的完整记录。

第一节 议程

09:00—09:15 欢迎致辞

Peter Croal（加拿大 CIDA 和 OECD DAC SEA 工作组）和 Fernando Loayza（世界银行）

第一部分：OECD DAC SEA 工作组进展，以及发展合作 SEA 实施的相关消息

主持人：Peter Croal

09:15—09:30 SEA 工作组概述

Peter Croal（加拿大 CIDA 和 OECD DAC SEA 工作组，加拿大）

09:30—09:45　SEA 质量工具

Barry Dalal-Clayton（国际环境与发展学院，英国）

09:45—10:05　发展合作中的 SEA 实践

Peter Nelson（土地使用顾问，英国）

10:05—10:25　SEA 在中国的活动

林健枝（中国战略环境评价中心，香港中文大学，中国）

10:25—10:45　提问环节

10:45—11:15　茶歇

第二部分：SEA 和世界银行集团的新环境战略

主持人：Anna Axelsson（瑞典 EIA 中心，瑞典农业大学）

11:15—11:30　世界银行的 SEA 试点项目

Fernando Loayza（世界银行，美国）

11:30—11:55　评估试点项目的重要成果

David Annandale（顾问，加拿大）

11:55—12:05　在发展合作中推广 SEA

Anders Ekbom（环境经济学部，哥德堡大学，瑞典）

12:05—12:25　提问环节

12:25—12:45　环境管治和机制

Urvashi Narain（世界银行，美国）

12:45—13:00　提问环节

13:00—14:00　午餐

第三部分：分组讨论

主持人：Daniel Slunge（环境经济学部，哥德堡大学，瑞典）

14:00—15:10　回答“对话地图”部分问题的小组

15:10—15:30　茶歇

第四部分：全体会议

主持人：Rob Verheem[荷兰环境评估委员会（NCEA）]

15:30—16:30　分组汇报

16:30—16:45　总结和结论

Rob Verheem（荷兰环境评估委员会，荷兰）

16:45—17:00　后续和闭幕

Fernando Loayza（世界银行，美国）和 Peter Croal（加拿大 CIDA 和 OECD DAC SEA 工作组，加拿大）

第二节　研讨分组过程

下午的研讨会使用了被称为“对话地图”的过程，从而将讨论聚焦于以下四个主题：

1．影响 SEA 有效合作和减缓贫困的障碍和有利因素

2．世界银行在加强环境管治机制、推动可持续发展中发挥的作用

3．把 SEA 作为环境管治制度的手段

4．在开发政策中 SEA 的主要步骤

围绕这些话题组成小组，参与者针对每个话题，要回答四个问题。

约 70 人参加了上午的会议，其中 45 人继续参加下午的研讨会。

第三节　研讨会成果概要

以下成果概要来自对“对话地图”的分析，同时结合了小组讨论中的一些观点：

- 关于以制度为核心的 SEA（政策战略环境评价）及推广可能性的想法，没有人表示异议。
- 有倾向表示，不应特别强调政策战略环境评价，而应更普遍地定义 SEA。
- SEA 被大多数人看作是一种“产品”，参与者提到要“做 SEA”。而对于 SEA 是一种过程的想法，还有一些不确定性。
- 关于不同 SEA“变体”的目的和区别存在一些不确定性。

➢ 政策战略环境评价与以影响为中心的SEA极为不同。政策评估外的政策或规划，会导致效率下降（参考可持续性评估/SEA的英文系统）。

➢ 所有权问题是非常重要的。关于发展机构的作用，以及它们是否有能力影响需求问题，观点还不一致。

➢ 仍然有观点认为，I-SEA/政策战略环境评价只是"在政策制定中考虑环境"。

关于"影响SEA在发展中国家有效性的限制和保障性因素"，参与者给出了以下观点：

➢ 需要（广泛）证明其益处，例如：
- SEA促成了经济效益的提升（很好的例子：越南中部进行的水电规划SEA）。
- 改善了穷人聚居区生活条件（西非矿业部门战略评价）。
- SEA作为解决冲突的平台。

➢ 能力建设
- 政策战略环境评价"支持者"的想法。
- 应充分利用金融、预算和规划人员人际关系网络（参考贫困-环境倡议（PEI）的近期进展）。需要"转变"传统部门和国家规划人员。

关于开发机构的作用和SEA在发展政策中退关的问题，参与者给出了以下观点：

SEA发展政策，如下意见是由与会者提出的：

➢ "推销"政策战略环境评价时，应认识到它往往能给现有的进程增值。

➢ 应跨组讨论SEA捐助方的作用。

➢ 明确捐助方应做、不应做哪些事项，是非常重要的。

最后，关于"把SEA作为工具，强化环境管治制度"，参与者提出了以下议题：

➢ 政策战略环境评价特别适用于新的/弱势的政府、冲突后局势或新部门刚成立的阶段。

➢ 我们是否需要对"SEA"和"决策"进行区分？

➢ 如何使SEA促进其报告完成后的政策对话？

- 使利益相关者参与 SEA 完成后的后续工作。
- 设定遵循 SEA 成果的过程/责任。
- 记录制度日志。
- SEA 成为决策的关键组成部分，并不是孤军作战。

第四节　研讨会成果文稿

四个小组中每组使用的“对话地图”得到了收集和转录。完整文稿呈现如下。

A 组：影响 SEA 在发展中国家有效性的障碍和保障性因素

问题 1：SEA 必须展现出什么样的价值，才能使发展中国家想要参与其中？

- 长期的成本节约。
- 其他国家的成功案例。
- SEA 促进经济效益提升的证据。
- SEA 能够处理累积影响、克服环境影响评价局限性的证据。
- SEA 改善穷人聚居区的证据。WAMSSA 对地区主义的影响，应能促成基础设施的共享和价格的下降，进而缓减贫困问题。
- 降低风险。
- 幸福。
- 政治家权力基础的巩固。
- 不同国家的回答会有差别。
- 决策得到改善，更为高效。
- 成为克服资源管理冲突过程/平台的能力（如中国民众抗议案例）。

问题 2：需要发展何种（个人、组织、机构）能力，才能在发展中国家成功进行战略环境评价？

- 个人从业者、审计师、政治家。
- 识别拥有影响、授权能力的支持者。
- 将知识需求与不同群体进行匹配。
- 成立组织机构，协调国家层面的 SEA 工作。

- 实施 SEA：技术能力、信息通达能力、外交技巧、了解需求。
- 使用 SEA：环境理解。
- 公众：SEA 是如何与日常生活相关的？

问题 3：现有的何种活动、机制和网络，可以被用来推进发展中国家的 SEA 实践？

- 应该接近金融、预算和规划人员的人际圈。他们都是我们需要影响的人，他们中存在既定的网络。联合国开发计划署—联合国环境规划署（UNDP-UNEP）PEI 的第 2 阶段和第 3 阶段，已经对国家层面的预算和规划过程进行了环境主流化工作。
- 某位来自发展中国家的规划部官员，在参与主流化研讨会后，“转”而支持环境主流化工作。
- 剖析联合国开发计划署—联合国环境规划署 PEI“支持者”模型。非环境人员被提名为 PEI 支持者接受短期培训。这些人员得到提名时引发了热议，这是一种竞争。
- 利用保险公司、银行和非政府组织间的人际网。
- 使用社交网络媒体接触年轻人。
- 法律框架。
- 环境保护局等机构。
- 专业协会。
- 区域组织。
- SEA 路演活动。

问题 4：促进发展中国家使用 SEA，可以采取哪些优先行动？

a. SEA 实践者

- 提高沟通技巧、理解决策过程、技术分析/最佳实践方面的能力。
- 激励机制。
- 试点 SEA。
- 能力强化。

b. 政府机构

- 同国家优先项相关联。

- 争取更多的公众支持。
- 媒体。
- 国际责任和法律协议。

c. 其他参与者

- 媒体：成功故事。
- 支持者。
- 大型公司。
- 开采业透明度倡议（EITI）。
- 工业实体。

B 组：世界银行在强化环境管治制度、推动可持续发展中的作用

问题 1：世界银行之前未曾致力于提高环境管治制度。现今它要在这一领域发挥什么样的作用？

- 过去，目标不明确，使得需求未经测试变大。
- 需要克服仅关注单独项目贷款的局限。
- 发展同其他开发机构的地方伙伴关系。
- 借贷后需要更多后续扩展服务。
- 世界银行很可能拥有“全球权限”，积极鼓励将政策战略环境评价作为制度强化工具（出于全球问题的重要性，且这些问题正是各国政府还没有考虑的）。

问题 2：世界银行如何衡量其致力于强化环境管治制度的干预措施的有效性？

- 寻找方法证明，SEA 受参与度和公众听证会支配。
- 政府服从本国立法的程度。
- 确保明确的披露规则为公众所知。
- 审计国家系统。

问题 3：世界银行强化环境管治制度的参与方式应该因国家而异吗？

- 是的。政治经济分析是极其重要的。
- 基于全球关注的优先项。不是所有参与都需要由需求驱动。

问题 4：是否还有其他观点？

（本小组没有给出额外的观点。）

C 组：SEA 作为强化环境管治机制的工具

问题 1：在哪些情况下，制度和管理强化应成为一项 SEA 的重点？

- 新的/较弱的政府。
- 冲突后的局势。
- 新部门领域。

问题 2：SEA 怎样才能最好地促进多利益相关方参与战略决策？

- 对“SEA”和“决策”进行区分。
- 使 SEA 实践者成为重新“参与”的连续体。
- 与管理和问责制相关联：决策者是否允许利益相关方，在决策中发挥“参与性”作用？

问题 3：如何才能使 SEA 项目在其报告完成后，继续促进政策对话？

- 使利益相关者参与 SEA 完成后的后续工作。
- 为后续 SEA 结果设定过程/责任。
- 记录制度日志。
- SEA 成为决策的关键组成部分，而非孤军作战。

问题 4：指明 SEA 为促进环境管治机制强化，应取得的三个成果。

- 变革！使新变革成为标准性变革。
- 提高认识——政治家/官僚的广泛认识。
- 所有权/责任得到加强。

D 组：发展机构的作用：在开发政策中推广 SEA 的主要组成部分和步骤

问题 1：SEA 必须显示出什么样的价值，以使开发机构支持 SEA 能力发展，并使用 SEA？

- 表明环境被纳入考虑。
- 地方买入。
- 与减贫工作并行运作。
- 对等组的支持。
- 认识到 SEA 过程本身的增值作用，简单地说，即进行提高。

问题 2：不同的（双边和多边）开发机构如何行动，从而推动发展中国家在政策层面应用 SEA？

- 如芬兰/丹麦为赞比亚提供了部门支持。
- 验证 SEA 成果后对其进行表彰。
- 确保发展中国家真正掌握所有权，并阐明个体职责。
- 要明确捐助者应做和不应做的事项。
- 在跨组捐助方讨论中，考虑 SEA 的角色职能（一种较好的模式是，越南的 SEA 捐助方框架。阿克拉援助有效性会议认为，它促成了捐助方间的和谐共处）。

问题 3：不同的（双边和多边）发展机构应如何合作，推动政策层面的 SEA？也就是说，发展机构的合作方案有哪些？

- 机构间想法的交流（较为非正式的对话）。
- 合作，如世界银行与瑞典国际发展合作机构、荷兰环境评估委员会和哥德堡大学的合作。
- 把 SEA 作为管理环境风险的方式。

问题 4：是否还有其他观点？

（本小组没有给出额外的观点。）

缩略语

AMGP　Africa Mineral Governance Program　非洲矿产管理项目

CBA　cost-benefit analysis　成本-利益分析

CBO　community-based organization　社区组织

CEA　cost-effectiveness analysis　成本-效益分析

CIDA　Canadian International Development Agency　加拿大国际开发署

CSO　civil society organization　民间社会组织

CUA　cost-utility analysis　成本-效用分析

DAC　Development Assistance Committee（OECD）　发展援助委员会（经合组织）

DAP　Detailed Area Plan　详细区域规划

DIEWRMP　Dhaka Integrated Environment and Water Resources Management Program　达卡综合环境和水资源管理项目

DMDP　Dhaka Metropolitan Development Plan　达卡都市发展规划

ECOWAS　Economic Community of West African States　西非国家经济共同体

EIA　environmental impact assessment　环境影响评价

EEU　Environmental Economics Unit，Department of Economics，University of Gothenburg　哥德堡大学经济系环境经济学部

EITI　Extractive Industries Transparency Initiative　采掘业透明度提案

HPCD　Hubei Provincial Communication Department　湖北省交通厅

HRNP	Hubei Road Network Plan 湖北路网规划
IAD	institutions and development framework 机构及开发框架
IDRC	International Development Research Centre 国际发展研究中心
I-SEA	institution-centered strategic environmental assessment 以机制为中心的战略环境评价
J4P	Justice for the Poor 贫困人口公平项目
KFS	Kenya Forest Service 肯尼亚森林服务
OECD	Organisation for Economic Co-operation and Development 经济合作与发展组织
MSR	mineral sector review 矿业部门综述
MTAP	Mining Technical Assistance Project 采矿技术援助项目
NACEF	National Commission for Environment and Forestry 环境与林业全国委员会
NCEA	Netherlands Commission for Environmental Assessment 荷兰环境评估委员会
NGO	nongovernmental organization 非政府组织
PAM	policy action matrix 政策行动矩阵
PEI	Poverty-Environment Initiative 贫困-环境提案
PSIR	pressure-state-impact-response 压力-状态-影响-响应
RAC	Resource Assessment Commission（Australia） 资源评估委员会（澳大利亚）
RAJUK	Capital Development Authority（Dhaka） 首都发展局（达卡）
SEA	strategic environmental assessment 战略环境评价
SESA	strategic environmental and social assessment 战略环境和社会评价
UNDP	United Nations Development Programme 联合国开发计划署
UNEP	United Nations Environment Programme 联合国

环境规划署

WAEMU　West African Economic and Monetary Union　西非经济货币联盟

WAMGP　West Africa Mineral Governance Program　西非矿产管理项目

WAMSSA　West Africa Minerals Sector Strategic Assessment 西非矿业部门战略评估

致 谢

本研究在《巴黎协调一致宣言》的背景下完成，是世界银行环境部、哥德堡大学经济系环境经济学部（EEU）、瑞典农业大学环境影响评价中心和荷兰环境评估委员会（NCEA）的合作成果。完成报告的团队定期向经济合作与发展组织（OECD）发展援助委员会（DAC）的战略环境评价工作组通报评估情况，并及时获得工作组会议和其他联合活动中有价值的反馈。本书将为政策和部门改革的战略环境评价发展合作提供指导。

本研究的团队由费尔南多·洛艾萨（Ferrnando Loayza，世界银行工作组负责人）、大卫·安嫩代尔（David Annandale，顾问）、安娜·阿克塞尔森（Anna Axelsson）、马修·卡什莫尔（Matthew Cashmore，瑞典农业大学环境影响评价中心）、安德斯·艾克博姆（Anders Ekbom）及丹尼尔·斯朗奇（Daniel Slunge，哥德堡大学经济系环境经济学部）、芒尼尔森（Mans Nilsson，顾问）和罗布·威尔黑姆（Rob Verheem，荷兰环境评估委员会）组成。本书是基于世界银行战略环境评价试点项目的评估成果；评估由大卫·安嫩代尔（David Annandale）、安娜·阿克塞尔森（Anna Axelsson）、马修·卡什莫尔（Matthew Cashmore）、安德斯·艾克博姆（Anders Ekbom）、丹尼尔·斯朗奇（Daniel Slunge）、阿巴拉钦-乔丹（Juan Albarracin-Jordan）、吉日·杜斯克（Jiri Dusik）、保罗·古迪加（Paul Guthiga）、尹坚（Yin Jian）、威尔弗雷德·年戈那（Wilfred Nyangena）和乌尔夫·桑德斯卓姆（Ulf Sandstrom）等人承担。此外，盖斯克·迪吉科斯特拉（Geske Dijkstra）、思布·诺特博姆（Sibout Nooteboom）和伊内克·斯坦哈尔（Ineke Steinhauer）等也对试点评估框架做出了贡献。

本研究的团队还从库尔森姆·艾哈迈德（Kulsum Ahmed，

世界银行）、弗雷德·卡登（Fred Carden，加拿大国际发展研究中心）和玛丽亚·罗萨里奥·帕蒂达里奥（Maria Rosrio Partidario，葡萄牙里斯本大学）等评估顾问组成员的建议中受益匪浅。同时，作为同行评审专家，迪吉·禅德拉克瑟汗（Diji Chandrasekharan，世界银行）、彼得·克罗尔（Peter Croal，加拿大国际开发署，经济合作与发展组织发展援助委员会战略环境评价工作组主席）、理查德·达玛尼亚（Richard Damania，世界银行）和加里·麦克马洪（Gary McMahon，世界银行）等也给出了翔实的评论。团队还要向在哥德堡（2007 年和 2008 年）、鹿特丹（2008 年）、华盛顿特区（2009 年）、日内瓦（2010 年）和乌得勒支（2010 年）等地举办的研讨会上提供反馈的参与者们表示感谢。詹姆斯·坎特雷尔（James Cantrell）、帕特里·卡特雅玛（Patricia Katayama）、辛迪·费舍尔（Cindy Fisher）和诺拉·里多尔菲（Nora Ridolfi）和所有世界银行员工协助了本书的出版和传播。格雷斯·阿吉拉尔（Grace Aguilar）、朱丽叶·莞（Juliette Guantai）、瑟祖克·马萨奇（Setsuko Masaki）和所有世界银行成员，为团队提供了行政支持。这项工作在詹姆斯·沃伦·埃文斯（James Warren Evans，负责人）、米歇尔·德·讷韦尔（Michele de Nevers，部门经理）和世界银行环境部的整体指导下进行，且作为世界银行环境制度和管治团队工作计划的一部分，由库尔森姆·艾哈迈德（Kusum Ahmed）领导。

如果没有试点所在地各国政府和世界银行国家办公室的协作，本书是难以完成的。战略环境评价试点的项目经理——迪吉·禅德拉克瑟汗（Diji Chandrasekharan）、阿德里安娜·达米亚诺娃（Adriana Damianova）、邓飞（Fei Deng）、彼得·克里斯滕森（Peter Kristensen）、布莱恩·兰德（Bryan Land）及穆杜库马拉·玛尼（Muthukumara Mani），他们来自世界各地，在评估期间尽心地促进数据收集，推荐联络人，并参与了相关采访。来自政府部门、社群、非政府组织、民间社团组织和私营部门的利益相关方，在战略环境评价试点期间和评估期间，都慷慨地贡献出了时间和知识。评估合作方特别感谢所有利益相关方的积极参与，也感谢瑞典、荷兰、挪威、芬兰等国政府对世界银行战略环境评价试点项目的大力支持。感谢瑞典国际开发合作署、环境社会可持续发展基金、世界银行荷兰伙伴关系计划提供的信托基金。